Peinliche Situationen meistern

Dr. Matthias Nöllke

Inhalt

Vorwort

„Oh wie peinlich!" Da stoßen Sie bei einem feierlichen Essen versehentlich ein Glas um – und der Rotwein ergießt sich auf die Hose Ihres Nachbarn. Sie verwechseln Namen, Türen, Fremdwörter. Ihnen rutscht eine geschmacklose Bemerkung heraus oder die Hose herunter.

Peinliche Situationen lauern überall, sie lassen sich gar nicht vermeiden. Umso weniger, wenn Sie viel mit Menschen zu tun haben, womöglich auch mit Menschen aus einem anderen Kulturkreis, die ein ganz anderes Peinlichkeitsempfinden haben.

Dieser TaschenGuide will Ihnen helfen, solche Situationen zu meistern. Viele Ratgeber sagen Ihnen ja nur, wie Sie nicht in peinliche Situationen hineingeraten. Hier erfahren Sie, wie Sie wieder herauskommen: ob Sie jemanden falsch begrüßt oder sich ungeschickt verabschiedet haben, ob Sie beim Lügen ertappt wurden oder jemandem aus einer peinlichen Situation heraushelfen möchten. Dabei werden Sie hoffentlich feststellen, dass peinliche Situationen durchaus ihre vergnüglichen Seiten haben – wenn man sie nämlich einigermaßen unbeschadet übersteht und hinterher mit wohligem Schaudern davon erzählt.

Dr. Matthias Nöllke

Wie entstehen peinliche Situationen?

Bevor wir uns damit beschäftigen, wie Sie peinliche Situationen meistern, müssen wir klären, was Peinlichkeit überhaupt ist. Warum entsteht sie, und warum brennen sich peinliche Situationen in unser Gedächtnis ein wie kaum ein anderes Erlebnis?

In diesem Kapitel lesen Sie,

- wie eine Situation kippen kann (S. 7 und 22),
- was in einer peinlichen Lage körperlich mit uns geschieht (S. 14) und
- dass Peinlichkeit ansteckend ist (S. 20).

Was ist Ihnen peinlich?

„Jeder Anfang hat für mich etwas Peinliches."
Ernst Eckstein, deutscher Schriftsteller (1845-1900)

Wir alle kennen peinliche Situationen und versuchen, sie zu vermeiden. Vergeblich. Sie lauern uns immer wieder auf und bringen uns in Verlegenheit. Und zwar sehr oft gerade dann, wenn wir am wenigsten damit rechnen, weil wir uns so sicher fühlen.

Beispiel

Sie haben sich gründlich auf diese Rede vorbereitet. Unter dem Beifall des Publikums schreiten Sie ans Pult, legen sich Ihr Manuskript zurecht, holen tief Luft und wollen beginnen – mit Ihrem ersten knalligen Satz. Da versagt Ihnen die Stimme. Aus Ihrer Kehle kommt nur ein heiseres Krächzen. Die Zuhörer lachen.

Bei einem Stadtspaziergang entdecken Sie auf der anderen Straßenseite einen alten Bekannten. Sie winken ihm zu. Und als Sie in freudiger Erwartung die Straße überqueren, bemerken Sie, dass es sich um einen Unbekannten handelt. Ihre Gesichtszüge erstarren, verlegen stammeln Sie eine Entschuldigung und entfernen sich rasch.

Mit einer Kollegin lästern Sie ausgiebig über Ihren Vorgesetzten. Sie äffen seine Art nach, Ihre Kollegin schüttet sich aus vor Lachen. Da bemerken Sie, dass sich noch jemand im Raum befindet und gedankenverloren aus dem Fenster schaut. Als derjenige sich umwendet, blicken Sie in die eisgrauen Augen Ihres Vorgesetzten.

Ein Freund möchte Ihnen eine Freude machen und hält auf Ihrer Geburtstagsfeier eine Rede auf Sie. Leider schätzt er seine rednerischen Fähigkeiten völlig falsch ein, die Rede zieht sich und zieht sich und zieht sich ... die ersten Gäste verlassen den Raum.

Solche Begebenheiten sind uns peinlich. Warum eigentlich? Es handelt sich um vier sehr unterschiedliche Situationen.

1 Etwas misslingt Ihnen, auf das Sie in diesem Moment viel Wert legen.

2 Ihnen unterläuft ein Irrtum, durch den sich niemand gekränkt fühlen muss.

3 Sie setzen ausgerechnet denjenigen herab, der glauben soll, dass Sie ihn hoch schätzen.

4 Sie schämen sich für einen anderen, der Ihnen nur etwas Gutes tun wollte.

Der Kipp-Effekt

Was allen vier Situationen gemeinsam ist: Zunächst scheint alles in bester Ordnung zu sein. Doch plötzlich kippt die Situation (s. den Abschnitt „Wenn die Situation entgleist", S. 22): Sie selbst oder jemand anders stehen auf einmal nicht mehr so glänzend da. Der positive Eindruck, den derjenige eben noch machen konnte, ist wie weggewischt. Oder es sind die Erwartungen, die gründlich enttäuscht werden. Auch hier kippt die Situation. Mit einem Mal erscheint alles ganz anders. Peinliche Situationen kündigen sich nicht an. Sie treten ohne Vorwarnung ein und überstrahlen sofort alles andere. Es zeichnet sie aus, dass sie für uns nicht absehbar waren.

Alles spielt sich in Ihrem Kopf ab

Der zweite entscheidende Aspekt: Ob eine Situation peinlich ist oder nicht, das entscheidet sich in den Köpfen der Beteiligten. Jemand muss die ganze Angelegenheit peinlich finden, sonst ist sie es nicht. Umgekehrt heißt das: Die Situation kann in Ihren Augen noch so harmlos sein. Sobald Ihr Gegenüber sie als peinlich empfindet, ist sie es.

Was Menschen peinlich finden, das unterscheidet sich mitunter beträchtlich. Manchen ist etwas unsagbar peinlich, was anderen eher nebensächlich vorkommt. Das heißt aber nicht, dass Peinlichkeit etwas Willkürliches ist und wir es uns aussuchen können, was wir peinlich finden. Das ist gerade nicht so, wie wir noch sehen werden. Es bedeutet vielmehr, dass wir unsere Sicht der Dinge nicht absolut setzen dürfen.

> „Warum stellt der sich so an? Da ist doch gar nichts dabei!" Solche Äußerungen sind völlig ungeeignet, eine peinliche Situation zu entschärfen. Im Gegenteil, dadurch wird sie für den Betroffenen erst recht unerträglich.

Kulturelle Unterschiede

In jeder Kultur gibt es Verhaltensweisen, die in bestimmten Situationen als angemessen gelten. Wenn Sie davon abweichen, kann es sehr schnell peinlich werden. Dabei sind zwei Aspekte bemerkenswert, die die Ethnologen in den unterschiedlichsten Kulturen beobachtet haben:

- Gehören Sie offensichtlich einer anderen Kultur an, werden an Ihr Verhalten weniger strenge Maßstäbe angelegt. In begrenztem Umfang wird Ihnen sogar zugestanden, Tabus zu verletzen. Aber Sie bleiben immer ein Außenseiter und Exot.

- Ordnet man sich einer ähnlichen oder der gleichen Kultur zu, treten Peinlichkeiten viel häufiger auf.

Beispiel

Benimmtrainer, die Geschäftsleute schulen, berichten, dass Deutsche vor allem im Umgang mit britischen Verhandlungspartnern patzen. Englisch ist die Fremdsprache, die sie am besten beherrschen. Daher erscheint ihnen ihr Gesprächspartner halbwegs vertraut. Zu Unrecht unterstellen sie, dass bei den Briten die gleichen Gepflogenheiten gelten wie bei den Deutschen und äußern beispielsweise im Small Talk Ansichten, die von den Briten als viel zu persönlich empfunden werden.

Wir brauchen eine gemeinsame Grundlage

Wenn Angehörige aus unterschiedlichen Kulturen zusammentreffen, stellt sich folgendes Problem: Um überhaupt miteinander umgehen zu können, brauchen sie eine gemeinsame Grundlage. Daher bilden sie recht schnell so etwas wie einen Verhaltenskodex aus. Wer davon abweicht, der kann wiederum schnell peinlich wirken. Das fängt beim Begrüßungsritual an. So kann es sich etwa zwischen einer Gruppe von Deutschen und Japanern einspielen, dass man sich zur Begrüßung mit einem kurzen Nicken die Hand gibt. Wer in so einer Situation sein Gegenüber auf die japanische Art mit einer tiefen Verbeugung begrüßt, löst Irritationen aus.

Die feinen Unterschiede

Auch innerhalb einer Kultur gibt es beträchtliche Unterschiede in Hinblick darauf, was als peinlich betrachtet wird. Mit erheblichen Folgen: Empfinden Sie eine bestimmte Sache als peinlich oder gerade nicht als peinlich, kann das darüber Aufschluss geben, welcher gesellschaftlichen Gruppe oder Schicht Sie angehören (s. „Rituale und Konventionen", S. 26).

Beispiel

In mancher Runde dürften Sie zustimmendes Gelächter ernten, wenn Sie von Ihrer feucht-fröhlichen Urlaubsreise berichten und auch nicht verschweigen, wie viel oder wenig Sie der Spaß gekostet hat. In anderen Kreisen werden solche Einlassungen als ausgesprochen peinlich empfunden.

Zugleich grenzen sich die unterschiedlichen „Kreise" voneinander ab. Was in dem einen Milieu hoch schätzt wird, gilt bei dem anderen als „peinlich" – zumindest für die „eigenen Leute". Das betrifft beispielsweise bestimmte Kleidungsstücke, Frisuren, die Musik oder die Filme, die man mag, und natürlich auch die Bücher, die man liest.

Beispiel

In einem bildungsbürgerlichen Milieu könnten Sie auf betretenes Schweigen stoßen, wenn Sie von diesem „fantastischen neuen Musical" schwärmen und die Runde nachdrücklich auffordern: „Das müssen Sie sich ansehen! Ich habe geweint wie ein Schlosshund!"

Peinliche Gefühle verstehen

Peinliche Situationen zeichnen sich vor allem dadurch aus, dass ein ganz bestimmtes Gefühl von Ihnen Besitz ergreift: ein Gefühl von Hilflosigkeit und Beschämung. Die Situation würden Sie am liebsten ändern oder ungeschehen machen. Aber genau das können Sie nicht. Dieses Gefühl ist es, das wir verstehen müssen, um peinliche Situationen zu meistern. Denn dieses Gefühl müssen wir überwinden.

Schmerzhafte Erfahrungen

Peinliche Situationen können regelrecht wehtun. Das sagt schon das Wort. Peinlich – früher hieß das nichts anderes als schmerzhaft. Das „peinliche Verhör" im Mittelalter war keine Vernehmung, bei der besonders indiskrete Fragen gestellt wurden, sondern dabei wurden Folterinstrumente eingesetzt.

Seine Wurzel hat das Wort „peinlich" im lateinischen „poena", das so viel bedeutet wie „Strafe". Und als Strafe kann man peinliche Situationen durchaus sehen – als eine Strafe, die von innen kommt.

Auch der Ausdruck „pingelig" gehört zur Wortfamilie. Er besagt in etwa das Gleiche wie „peinlich genau". Wer „pingelig" ist, der bemüht sich, den kleinsten Fehler zu vermeiden, und geht daher besonders sorgfältig vor.

Unser Inneres wird geflutet

Peinlichkeit ist überwältigend. In einer peinlichen Situation wird unser Innenleben von diesem Gefühl regelrecht überschwemmt. Wir verlieren unsere Souveränität, können nicht mehr in Ruhe nachdenken, und wir haben nur den einen Wunsch: dass diese Situation endlich aufhören soll.

Wir versuchen uns so schnell wie möglich dieser Situation zu entziehen. Wir legen den Telefonhörer auf oder wir entfernen uns rasch – wie im Beispiel mit dem verwechselten Bekannten (s. S. 6). Wir sind rein körperlich nicht in der Lage, souverän das Gespräch zu beenden. Wir geraten ins Stammeln und bringen es kaum fertig, sicheren Schrittes davonzugehen.

Der innere Peinlichkeitsstempel

Alles, was wir erleben, wird sofort emotional bewertet: als angenehm oder unangenehm. Auf diese Weise bekommt jede Erfahrung ihren Stempel. Je ausgeprägter der Stempel, umso besser behalten wir das betreffende Erlebnis im Gedächtnis. Es brennt sich uns förmlich ein.

Genau das geschieht in einer peinlichen Situation. Der innere Peinlichkeitsstempel hinterlässt tiefe Spuren, zumal wenn starke Gefühle wie Angst oder Scham damit verbunden sind. Wenn uns etwas richtig peinlich ist, dann behalten wir es in Erinnerung, manchmal verfolgt es uns ein Leben lang.

Das kann sehr belastend sein. Doch liegt darin auch ein gewisser Sinn. Die Erfahrung ist so wichtig für uns, dass sie nicht verloren gehen soll. Wir werden in Zukunft alles tun, um so etwas nicht noch einmal durchstehen zu müssen. Eine peinliche Situation kann Ihr Leben verändern.

> Peinliche Situationen geben uns darüber Aufschluss, worauf wir besonderen Wert legen. Darin liegt die Chance, dass wir mehr über uns selbst erfahren.

Eine angemessene Reaktion

Wenn wir eine peinliche Situation durchlebt haben, dann ärgern wir uns später über unser Verhalten. Hätten wir nicht anders reagieren können? Abgeklärter, gelassener, mit einer gewissen Coolness? In einigen Situationen wäre das bestimmt hilfreich, aber für alle gilt das ganz gewiss nicht. Wie wir noch sehen werden, ist es manchmal genau die angemessene Reaktion, sich peinlich berührt zu zeigen.

Wem gar nichts peinlich ist, wer immer nur abgeklärt und cool reagiert, der ist uns unsympathisch, ja auch ein wenig unheimlich. Wie es Gotthold Ephraim Lessing ausgedrückt hat: „Wer über gewisse Dinge den Verstand nicht verliert, der hat keinen mehr zu verlieren." Wenn wir von jemandem behaupten, er sei „peinlich", dann geht ihm nach unserem Empfinden genau das ab: das Gespür für Peinlichkeit. Er hätte allen Grund, beschämt zu sein, stattdessen zeigt er sich völlig unbekümmert.

Sich mit den Augen der anderen sehen

Was peinliche Situationen auszeichnet, das ist, dass sie immer mit unseren Mitmenschen zu tun haben. Wenn wir mit uns allein sind, kennen wir keine peinlichen Gefühle. Wir können uns selbst zwar als unverständlich oder fremd erleben, nicht jedoch als peinlich. Auch in unserer Entwicklung müssen wir erst eine bestimmte Reife erlangen, ehe wir etwas als peinlich empfinden können.

Warum kleinen Kindern nichts peinlich ist

Kleine Kinder betrachten sich selbst als Zentrum des Universums. Sie gehen davon aus, dass jeder so denkt und fühlt wie sie. Noch haben sie nicht die Fähigkeit entwickelt, sich selbst mit den Augen der anderen zu sehen. Diese ist aber die Voraussetzung dafür, sich von einer bestimmten Situation peinlich berühren zu lassen.

Zwei Selbstbilder

In einer peinlichen Situation haben wir oftmals zwei Dinge gleichzeitig im Blick:

- das Bild, das wir von uns bei den anderen erzeugen möchten,
- das Bild, das wir nach unserer Überzeugung für die anderen abgeben.

Stimmen diese beiden Bilder nicht überein, dann entsteht das peinliche Gefühl. Denn wir können das Bild, das wir abgeben möchten, nicht mehr aufrechterhalten. Stattdessen zeigen wir ein völlig anderes Bild. Was uns peinigt, das ist immer, dass andere uns „so" sehen könnten – nämlich so, wie wir meinen, dass wir auf die anderen wirken.

Wie wir körperlich reagieren

Das Gefühl von Peinlichkeit bringt eine bemerkenswerte Bandbreite von Reaktionen hervor. Das spiegelt sich auch in unserer Mimik wider. Wie der Psychologe Paul Ekman festgestellt hat, gibt es für peinliche Gefühle kein eindeutiges Signal wie etwa für Wut oder Angst. Vielmehr lassen sich vielfältige Reaktionen beobachten. Dass wir peinlich berührt sind, offenbart sich erst über einen gewissen Zeitraum. Dennoch lassen sich drei typische Reaktionen beschreiben:

1 Wir erröten.
2 Wir vollführen sinnlose Gesten.
3 Wir vermeiden Blickkontakt.

Das peinliche Erröten

Unsere Gesichtsfarbe färbt sich rot, weil sich die Blutgefäße unter der Haut sehr schnell ausdehnen. Dadurch strömt mehr Blut durch die Adern und die Haut erscheint gerötet. Wir selbst nehmen unser Erröten so wahr, dass unser Gesicht heiß wird. Wir meinen, dass wir „glühen". Dabei nimmt die Temperatur nicht einmal um 1 °C zu. Nach etwa 15 Sekunden ist unser Gesicht maximal aufgeheizt, dann sinkt die Temperatur wieder. Nach einer Minute ist der Spuk vorbei.

Egal, ob wir im Gesicht rot oder fleckig werden, ob die Ohren oder der Hals ebenfalls erglühen, immer sind es Körperpartien, die unverhüllt sind. Daher liegt es nahe anzunehmen, dass Erröten den Sinn hat: Alle sollen es sehen. Das glaubt auch Paul Ekman, der das Erröten für eine Art Beschwichtigungssignal hält. Wer sich schamvoll verfärbt, der ist ungefährlich. Er greift nicht an und wird selten angegriffen.

Sinnlose Gesten

Peinliche Situationen versetzen uns in Stress. Unser Denken wird eingeengt, die Aufmerksamkeit richtet sich nur noch auf unser Missgeschick. Wir können keinen klaren Gedanken fassen, sind handlungsunfähig. Stattdessen vollführen wir nervöse Bewegungen, die eigentlich keinen Sinn ergeben. Manche fahren sich durch die Haare oder bringen ihre Kleidung in Ordnung, andere putzen linkisch ihre Brille oder drücken auf ihrem Kugelschreiber herum. Auch das scheinbar völlig unmotivierte Lachen oder das „Stressgrinsen" gehört in diesen Zusammenhang.

Ein ähnliches Verhalten hat man auch bei Tieren beobachtet.
Dort spricht man von „Übersprungshandlungen". Wenn ein
Tier daran gehindert wird, eine bestimmte Handlung auszu-
führen, rettet es sich in eine Ersatzhandlung, die für sich
betrachtet keinen Sinn ergibt.

Der ausweichende Blick

Wenn es peinlich wird, können wir unseren Mitmenschen
nicht mehr in die Augen sehen. Wir senken den Blick oder
starren irgendwohin, an die Wand oder aus dem Fenster, wo
uns kein anderer Blick begegnen kann. Manche betrachten
auch interessiert ihre Hände oder ihre Schuhspitzen. Dabei
schweift der Blick nicht umher, sondern richtet sich starr auf
einen bestimmten Punkt. Dieser Peinlichkeitsblick wird im
Allgemeinen sehr gut verstanden. Die Botschaft heißt: „Lasst
mich in Ruhe, bis ich wieder handlungsfähig bin." Würden
wir hingegen in dieser Situation den Blickkontakt der anderen suchen, wäre das ein Appell: „Kommt her und helft mir!"

Eine sich verstärkende Reaktion

Wie wir auch immer auf die peinliche Situation reagieren,
unser Verhalten entzieht sich unserer Kontrolle und lässt sich
daher kaum vortäuschen. Dabei haben wir meist das gegen-
teilige Interesse: Wir bemühen uns zu verbergen, dass uns
etwas peinlich berührt. Doch genau dadurch verstärken wir
noch den Eindruck. Wenn wir merken, dass wir rot werden
oder anfangen zu stottern, schämen wir uns noch mehr. Und
wir geraten immer tiefer in den Abgrund der Peinlichkeit
hinein.

Wie wir uns wieder fangen

Um peinliche Situationen zu meistern, müssen wir ihre innere Mechanik begreifen. Dazu gehört einmal, dass wir uns klarmachen: Wenn die Situation ins Peinliche kippt (s. S. 7), sind wir in der Regel erst einmal nicht imstande, angemessen zu reagieren. Wir sind blockiert. Und wenn wir das ignorieren und uns bemühen, uns umgehend am eigenen Schopf aus dem Sumpf der Peinlichkeit herauszuziehen, endet das in einem Desaster.

Erst einmal ruhig durchatmen

Wir müssen uns Zeit geben. Solange das Gefühl der Peinlichkeit noch durch unseren Körper brandet, können wir eine souveräne Reaktion, eine überlegte Richtigstellung oder eine schlagfertige Replik vergessen. Schlimmer noch: Wir werden uns elend fühlen, wenn wir es versuchen und damit scheitern. Scheitern müssen, denn kein Mensch ist dazu in der Lage: souverän zu antworten, während er sich gleichzeitig in Grund und Boden schämt.

Die Lösung heißt also: abwarten, erst einmal gar nicht reagieren, sich sammeln. Die Welle der Peinlichkeit ebbt ganz von allein wieder ab. Sie müssen sie nur ausrollen lassen. Wie viel Zeit das in Anspruch nimmt, hängt davon ab, *wie* peinlich die Situation für Sie ist. Bei den „kleinen Peinlichkeiten", die wir im nächsten Kapitel näher beleuchten, kann das sehr schnell gehen – vor allem, wenn Sie in etwa wissen, wie Sie die Situation wieder bereinigen können. Unter Umständen fällt es Ihrem Gegenüber gar nicht auf, dass Sie da gerade eine peinliche Situation gemeistert haben.

Bei den „großen Peinlichkeiten", denen wir uns im dritten Kapitel zuwenden, geht es hingegen meist um Schadensbegrenzung. Sie können nicht erwarten, als strahlender Held aus so einer Situation hervorzugehen. Aber Sie können sehr viel dafür tun, die Sache nicht ausufern zu lassen.

Sich einen inneren Schutzschild aufbauen

Sehr hilfreich ist in diesem Zusammenhang die Vorstellung von einem inneren Schutzschild. Die Kommunikationstrainerin Barbara Berckhan spricht von einem „inneren Aufprallschutz". Damit ist anschaulich beschrieben, wie Sie peinliche Situationen innerlich abfedern können.

Stellen Sie sich Ihren Schutzschild möglichst konkret vor, als Plexiglashaube, Schutzanzug oder gepanzerte Kapsel. In der betreffenden Situation bauen Sie diesen Schutzschild auf: Sie stellen sich vor, wie Sie hinter diesem Schild in Sicherheit sind. Sie können alles sehen und hören, aber Ihnen kann nichts passieren. Die anderen können mit ihren Fäusten auf der Glasglocke herumtrommeln, die Schläge treffen Sie nicht. Sie können in aller Ruhe überlegen, wie Sie reagieren wollen.

Einen inneren Schutzschild können Sie in einer peinlichen Situation nicht einfach so aus dem Hut zaubern. Er muss regelrecht eingeübt werden. Das können Sie im stillen Kämmerlein tun, damit er Ihnen im Ernstfall zu Verfügung steht.

Peinlichkeit als Waffe

Dass wir peinliche Situationen vermeiden, wissen natürlich auch solche Mitmenschen, die es weniger gut mit uns meinen. Manche versuchen ganz gezielt, uns in Verlegenheit zu bringen, eine peinliche Situation herbeizuführen, die sich in unser Gedächtnis einbrennt. Sie möchten erreichen, dass wir in Zukunft solche Situationen meiden – oder zumindest passiv bleiben. Darüber hinaus machen wir in peinlichen Situationen häufig keine gute Figur. Führungskräfte, die in solchen kritischen Momenten die Fassung verlieren, büßen ihre natürliche Autorität ein. Ja, sie können „untragbar" werden, wenn sie sich richtig blamieren.

Souverän durch das Stahlbad der Peinlichkeit

Auf der anderen Seite können Sie Ihre Stellung als Führungskraft (und Ihre Reputation insgesamt) enorm festigen, wenn Sie sich durch peinliche Situationen nicht in Verlegenheit bringen lassen. Bleiben Sie in dieser schwierigen Lage souverän und behalten die Nerven, dann erwerben Sie sich sehr viel Respekt. Ja, manchmal gelingt es Ihnen erst durch so eine Bewährungsprobe, die nötige Anerkennung zu erwerben.

Beispiel

 Von seiner Firma wird Herr Ahrens auf eine Diskussionsveranstaltung mit Umweltschützern geschickt. Er ist der einzige Vertreter der Industrie. Ihm schlägt offene Feindseligkeit entgegen. Doch bleibt er gelassen und schlägt sich respektabel. Seine Vorgesetzten und seine Mitarbeiter sind von seiner Souveränität beeindruckt.

Sie brauchen ein dickes Fell

Wenn Sie Führungsverantwortung übernehmen, dann dürfen
Sie sich von peinlichen Situationen nicht umwerfen lassen.
Das heißt nicht nur, dass Sie aus Verlegenheiten halbwegs
unbeschädigt wieder herauskommen sollten. Sie dürfen sich
davon auch nicht allzu sehr beeindrucken lassen. Die Peinlichkeiten müssen an Ihnen abprallen. Sie dürfen sich eine
Blamage nicht zu Herzen nehmen.

> Für Führungskräfte ist es ein absolutes Muss, mit peinlichen Situationen
> souverän umzugehen. Dazu gehört auch, eine Blamage wegzustecken.

Peinlichkeit ist ansteckend

Ein wichtiger Aspekt, um Peinlichkeit zu verstehen: Es gibt
kaum ein anderes Gefühl, das geeignet ist, so starke Anteil-
nahme auszulösen. Wir ertragen es kaum, wenn sich jemand
in unserer Gegenwart in Grund und Boden schämt. Peinlichkeit durchdringt die ganze Situation. Alle Beteiligten fühlen
sich unbehaglich und auch ein wenig beschämt. Nach Möglichkeit vermeiden wir, dass es überhaupt so weit kommt und
sich unser Gesprächspartner schämen muss. Wir versuchen,
ihm eine Blamage zu ersparen, und helfen ihm bereitwillig
aus einer peinlichen Lage wieder heraus. Nicht allein aus
reiner Menschenfreundlichkeit, sondern auch, weil die Situation für uns sehr unangenehm ist.

Wer sich beschämt zeigt, darf auf Milde hoffen

Grundsätzlich stimmt es uns milde, wenn jemand nach einem
Fehler Schamgefühle zeigt. Wir haben es bereits angespro-

chen: Wer rot wird, der sendet ein Beschwichtigungssignal aus, das in der Mehrzahl der Fälle so verstanden wird: Lasst ihn in Ruhe.

Es ist ein tief verwurzelter Mechanismus: Angeklagte, die sich ihrer Tat schämen, kommen mit einer milderen Strafe davon, wie die Psychologen Dacher Keltner und Lee Ann Harker von der Universität Berkeley herausgefunden haben. Der gleiche Effekt ist am Werk, wenn wir mit ungezogenen Kindern oder unhöflichen Erwachsenen zu tun haben. Werden sie verlegen, kann man ihnen kaum noch böse sein.

Die Lust an der Beschämung

Die wichtige Ausnahme: Jemand betreibt aktiv die Bloßstellung des anderen, benutzt wie erwähnt Peinlichkeit als Waffe. Dann will er genau das erreichen, er möchte, dass sein Opfer beschämt die Augen niederschlägt und eine Schimpfkanonade über sich ergehen lässt. Das verschafft ihm ein Gefühl von Überlegenheit und Macht. Und das kostet er nur allzu gerne aus.

Aber derjenige, der den anderen da demütigt, ist mit seinem Wohlgefühl ziemlich allein. Wer sonst noch Zeuge so einer Demontage wird, fühlt sich in aller Regel äußerst unbehaglich und ist ebenfalls peinlich berührt.

Wir vermeiden peinliche Begegnungen

Weil peinliche Situationen (die nicht bewusst herbeigeführt wurden) für alle unangenehm sind, versuchen wir, ihnen auszuweichen. Jemand, der keine Umgangsformen hat, wird nicht mehr eingeladen. Vorgesetzten, die regelmäßig explodieren, gehen wir möglichst aus dem Weg, ebenso wie Mitarbeitern, die auf Kritik völlig überzogen reagieren. Empfindliche Reaktionen sind bei Kritik zwar verständlich, aber ein souveräner Umgang mit unangenehmen Situationen setzt voraus, dass man sich ihnen stellt.

Wenn die Situation entgleist

In peinlichen Situationen geht es manchmal um Lappalien. Denken Sie an unsere ersten Beispiele: den hervorgekrächzten ersten Satz und den freudig begrüßten Unbekannten. Niemand kommt dabei zu Schaden oder zeigt sein sorgsam verborgenes zweites Gesicht. Wieso ist uns so etwas überhaupt peinlich? Wäre es nicht angebrachter, mit einem souveränen Lachen über die ganze Sache hinwegzugehen?

Das mag so sein. Das Problem ist nur, dass wir in dieser Situation nicht dazu in der Lage sind. Und das liegt nicht an einem persönlichen Defizit. Die Ursache ist eine andere: Die Situation, auf die wir unser Handeln ausgerichtet haben, ist zusammengebrochen – gekippt, wie oben beschrieben. Ist uns die Situation entglitten, können wir nicht einfach so weiterhandeln, als wäre nichts geschehen. Dass wir uns peinlich berührt zeigen, ist auch für den anderen ein unmissverständliches Signal: Achtung, hier stimmt etwas nicht! Die Situation muss von Grund auf neu aufgebaut werden.

Wir legen gemeinsam die Situation fest

Wenn wir miteinander umgehen, dann geschieht das nicht „einfach so". Vielmehr brauchen wir einen Rahmen, um das, was der andere sagt und tut, richtig zu verstehen – und um von dem anderen verstanden zu werden.

Woher aber bekommen wir diesen Rahmen? Es handelt sich um typische Situationen, mit denen wir immer wieder zu tun haben. Sie sind kulturell vorgeprägt. Als Angehörige einer bestimmten Kultur (s. S. 8) wissen wir sehr gut, was in einer Situation üblich ist. Und daran halten wir uns, solange wir diese Situation aufrechterhalten wollen.

Beispiel

Typische Situationen sind: Sie begegnen einem Bekannten auf der Straße, Sie kaufen in einem Supermarkt ein, Sie plaudern auf einer Party, Sie führen ein Beratungsgespräch, Sie fragen nach dem Weg, Sie halten eine Rede, Sie vertrauen Ihrem Gegenüber ein Geheimnis an.

Es gibt unzählige dieser Muster. Wir haben sie so sehr verinnerlicht, dass sie uns gar nicht mehr auffallen, solange alles gut geht. Aber woher wissen wir, an welchem Muster wir uns jeweils orientieren müssen? In einigen Fällen ist der Rahmen vorgegeben (s. „Rituale und Konventionen", S. 26), im Wesentlichen aber legen wir die Situation durch unser Handeln fest.

Beispiel

Wenn jemand Ihnen etwas anvertrauen will, dann dämpft er die Stimme und rückt etwas näher an Sie heran. Neigen Sie sich vor und hören mit leichtem Kopfnicken zu, haben Sie gemeinsam die Situation geschaffen: das Übermitteln von vertraulichen Informationen.

Und jemand, der Ihnen zuschaut, sollte die Situation ebenso verstehen und sich tunlichst im Hintergrund halten.

Wie die Situation entgleist

Natürlich können solche Situationen gestört, unterbrochen oder von einer neuen Situation abgelöst werden, ohne dass es peinlich wird. Das Problem entsteht erst, wenn die Situation selbst aus den Fugen gerät. Um beim eben erwähnten Beispiel zu bleiben: Antworten Sie Ihrem Gesprächspartner unvermittelt in normaler Lautstärke, wenn er Ihnen vertrauliche Informationen zukommen lässt, kippt die Situation für ihn sofort ins Peinliche.

Der Grund: Er kann Ihre Reaktion nicht einordnen, er findet sich in der Situation nicht mehr zurecht. Er fühlt sich hilflos. Genau das macht die Situation für ihn peinlich.

Aber auch für Sie kann es peinlich werden. Wenn es nicht Ihre Absicht war, Ihren Gesprächspartner zu verunsichern, sondern Sie einfach nur „falsch" reagiert haben, stehen Sie vor dem gleichen Problem: Die Situation ist entgleist, wie machen Sie weiter?

Alles nur Spaß?

Kommt Ihnen die Situation ein wenig seltsam vor, so gibt es immer noch eine halbwegs plausible Erklärung: Der andere wollte Ihnen nur einen Streich spielen. Auch wenn Sie das geschmacklos oder empörend finden, darauf können Sie immerhin reagieren: indem Sie den Scherzbold zurechtweisen, ebenfalls aus der Rolle fallen oder irgendwie anders zu erkennen geben, dass Sie das Spiel durchschaut haben. Hat der andere allerdings gar keinen Scherz gemacht, dann wird es nun doppelt peinlich.

Die Situation wieder reparieren

Um solche entgleisten Situationen wieder in den Griff zu bekommen, ist es oft hilfreich, sich mit dem anderen *über* die Situation zu verständigen. Zum Beispiel könnten Sie nachfragen, warum sich Ihr Gegenüber so merkwürdig verhält: „Sagen Sie, warum sprechen Sie auf einmal so laut?"

Oder Sie geben Ihren Eindruck der Lage wieder: „Ich habe Ihnen gerade etwas erzählt, was nicht jeder hier mitbekommen muss. Da bin ich schon etwas irritiert, dass Sie Ihre Antwort so herausposaunen."

Mit Ihrem Gespräch *über* die Situation verfolgen Sie zwei Ziele:

- Sie möchten verstehen, warum sich der andere so seltsam verhalten hat. Solange Sie sich darauf keinen Reim machen können, bleibt die Situation belastet.
- Sie möchten eine neue Grundlage finden, auf der Sie sich mit dem anderen verständigen können.

Alles nur ein Missverständnis?

Womöglich bekommen Sie eine schlüssige Erklärung, warum sich Ihr Gegenüber so seltsam verhalten hat. Vielleicht war es auch Ihr Verhalten, das den anderen irritiert hat – ganz gleich: Wenn es Ihnen gelingt, die Sache aufzuklären, haben Sie die peinliche Situation gewissermaßen repariert und Sie können daran wieder anknüpfen, wenn Sie das möchten.

> Kommen Sie in einer gestörten Kommunikationssituation zu keiner Verständigung, dann ist jeder weitere Austausch sinnlos. Zumindest für den Augenblick sollten Sie das Gespräch beenden.

Rituale und Konventionen

Einen gewissen Halt im Umgang miteinander geben Rituale und Konventionen. Sie sollen Gemeinsamkeit stiften und die Beziehungen zwischen den Beteiligten stabilisieren. Es wird erwartet, dass jeder die Abläufe gut kennt und nicht davon abweicht, wobei manche Rituale gewisse Spielräume zulassen. Aber auch da müssen wir uns an Regeln halten. Sonst entsteht das, was wir unbedingt vermeiden wollen: eine peinliche, weil entgleiste Situation.

Beispiel

 Zu den wichtigsten Ritualen gehören Begrüßung und Verabschiedung. Wenn wir sie nicht beherrschen, kommt es zwangsläufig zu einer peinlichen Situation. Aber auch Konventionen wie die Einhaltung bestimmter Tischsitten dürfen nicht ignoriert werden. Sonst schließen Sie sich aus und werden auch für die anderen „peinlich".

Rituale als Entlastung

Rituale schaffen feste Formen, sie geben uns Sicherheit und entlasten uns. Wir müssen nicht im Einzelnen überlegen, wie wir mit Menschen, die uns flüchtig bekannt sind, in Kontakt treten können. Wir greifen einfach auf den Fundus der Begrüßungs- und Vorstellungsrituale zurück.

Aber auch diejenigen, an die sich das Ritual wendet, bekommen dadurch mehr Sicherheit. Sie hegen bestimmte Erwartungen, wie die Sache abläuft, und stellen sich darauf ein, zumal sie ja in aller Regel in das Ritual eingebunden sind und ebenso ihren Part spielen müssen.

Verstöße schaffen Verunsicherung

Wird ein Ritual nicht eingehalten oder gegen eine Konvention verstoßen, dann hat das für diejenigen, die daran beteiligt sind, zwei unangenehme Folgen:

- Sie fühlen sich verletzt oder sogar missachtet. Konventionen und Rituale werten die Beziehungen auf. Werden sie ignoriert, bedeutet das eine Abwertung.

- Sie sind irritiert oder völlig ratlos. Da die bewährten Spielregeln nicht mehr gelten, ist unklar, wie sie sich verhalten sollen.

Sogar die vermeintlichen „Nutznießer" fühlen sich unbehaglich, wenn zum Beispiel die konventionelle Reihenfolge bei der Begrüßung nicht eingehalten wird. Schütteln Sie zunächst dem Assistenten der Geschäftsleitung die Hand und erst dann der Chefin, wird er sich keineswegs geschmeichelt fühlen.

Gehören Sie dazu?

Rituale haben noch eine weitere Funktion: Sie schließen diejenigen aus, die über die „Spielregeln" nicht Bescheid wissen. Die Zugehörigkeit zu einer Gruppe oder Gesellschaftsschicht (s. S. 8) zeigt sich eben auch in der Beherrschung bestimmter Regeln und Rituale. Wer sie nicht einhält, gibt sich als Außenseiter zu erkennen. Die Gemeinsamkeit, die das Ritual eigentlich herstellen sollte, kommt nicht zustande.

Nicht dazuzugehören ist ein extrem peinlicher Zustand. Nicht nur für den, der erkennen lässt, dass er die „Spielregeln" nicht kennt. Auch diejenigen, die sie perfekt beherrschen, fühlen sich unwohl, wenn einer nicht „mitspielen" kann. In aller Regel werden sie um denjenigen einen weiten Bogen schlagen und ihn nur beachten, wenn es sich nicht vermeiden lässt.

Der souveräne Verstoß gegen die Konventionen

Wer sich um die Einhaltung der Rituale und Konventionen bemüht und damit scheitert, der steckt tief im Treibsand der Peinlichkeit. Je mehr er jetzt noch strampelt, umso tiefer sinkt er ein. Doch mit Verwunderung wird er registrieren, dass ein anderer sich überhaupt nicht um die Konventionen kümmert und gar keine Schwierigkeiten hat, Anschluss zu finden. Im Gegenteil, alle scheinen darauf aus zu sein, mit ihm ein paar Worte zu wechseln. Wieso wirkt dieser Mensch offenbar nicht im Geringsten peinlich?

Die Antwort ist sehr einfach: Er hat eine Sonderstellung. Er kann es sich erlauben, die Konventionen zu missachten, ja, es wird von ihm nichts anderes erwartet. Entweder weil er als unkonventioneller Farbtupfer die Gesellschaft etwas auflockern soll – und gerade deswegen eingeladen wurde. Oder weil er so bekannt, so erfolgreich oder so einflussreich ist, dass er es sich leisten kann, die Konventionen zu ignorieren.

> Dass sich jemand nicht im Geringsten um Konventionen kümmert und sich dennoch alle um ihn scharen, verleiht ihm erst seinen Nimbus. Für jeden ist zu erkennen, dass derjenige es wirklich geschafft haben muss, weil er es ist, nach dem sich alle richten.

Es kommt noch etwas hinzu: Wer wirklich dazugehört, der weiß auch, wer ungestraft gegen die Konventionen verstoßen darf. Wenn jemand hingegen eine solche „Ausnahmeerscheinung" mit dem Normalmaß misst und auf seine souveränen Regelverstöße peinlich berührt reagiert, stellt er sich selbst ins Abseits; die Situation entgleitet ihm, weil er die Erwartungen der anderen bricht. Es ist regelrecht peinlich, solche Verstöße nicht gelassen hinzunehmen.

Diese Doppelmoral ist Teil des Spiels. Sie sollten sie einfach zur Kenntnis nehmen. Für Sie heißt das: Sie müssen nicht nur wissen, welchen Konventionen Sie folgen müssen, sondern auch, für wen sie nicht gelten.

Die Faszination des Peinlichen

> *„Alle elementare Komik gründet sich darauf,*
> *dass der Mensch in einer lächerlichen*
> *und peinlichen Lage handeln muss."*
> *Charlie Chaplin (1889 – 1977)*

Im täglichen Leben versuchen wir peinliche Situationen möglichst zu vermeiden. Und wenn sie uns oder unseren Mitmenschen zustoßen, dann sehen wir häufig darüber hinweg, was im Übrigen nicht die schlechteste Methode ist, damit umzugehen. Man nennt sie auch Taktgefühl. Auf der anderen Seite üben peinliche Situationen eine geradezu magische Anziehungskraft auf uns aus.

Sendungen wie „Pleiten, Pech und Pannen", „Verstehen Sie Spaß?" oder „Die Comedy-Falle" zeigen uns Menschen in peinlichen Situationen. Bücher und Filme sind voll von teils unsagbar peinlichen Vorfällen. Viele Komiker machen sich die Faszination des Peinlichen zunutze. Sie geraten in Situationen, die den meisten von uns die Schamesröte ins Gesicht treiben würden. Doch wir lachen darüber. Warum eigentlich?

Aus sicherer Distanz genießen

Damit wir uns an peinlichen Situationen erfreuen können, brauchen wir Distanz. Wir selbst dürfen in den Vorfall nicht verwickelt sein. Sogar wenn wir nur Zeuge sind, dürfen wir nicht zu nahe am Geschehen sein. Wir sind in Sicherheit und genießen es, dass uns so etwas nicht zustößt. Wer Zeuge einer unfreiwilligen Peinlichkeit wird und in der ersten Reihe sitzt, schlägt die Augen nieder; die Leute in den hinteren Reihen recken die Hälse.

Es sind immer die anderen, denen das Missgeschick widerfährt, sie müssen die Sache durchstehen. Aus sicherer Distanz verfolgen wir die Szene mit wohligem Schaudern. Das hat nichts mit Schadenfreude zu tun. Denn diejenigen, über die wir uns amüsieren, tragen in der Regel keinen ernsthaften Schaden davon. Manchmal bemerken sie die Peinlichkeit gar nicht wie etwa Mister Bean.

Stellt sich im „richtigen Leben" heraus, dass die Folgen des peinlichen Vorfalls doch gravierender sind, schlägt unser Gefühl sofort um: Wir sind nicht länger belustigt, sondern haben Mitleid.

Mitleid mit dem gepeinigten Helden

Aber nicht nur wer uns zum Lachen bringen will, setzt auf den Peinlichkeitsfaktor. Auch wer ernste Töne anschlägt, bedient sich gerne dieses Stilmittels. Er setzt seinen Helden sehr peinlichen Situationen aus und erweckt damit unser Mitleid und unsere Sympathie. Im Unterschied zum komischen Helden muss die sympathische Figur leiden und schämt sich nicht selten in Grund und Boden. Gerade deswegen nehmen wir Anteil an ihrem Schicksal. Wir werden regelrecht in die Geschichte hineingezogen.

Sympathiepunkte mit peinlichen Erlebnissen

Ein paar Nummern kleiner funktioniert die Sache immer noch: Wer auf seine Gesprächspartner sympathisch wirken will, der erzählt von einem kleinen peinlichen Erlebnis.

Selbstredend darf es sich dabei nur um eine Lappalie handeln und nicht etwa um eine handfeste Blamage. Immerhin möchte man für einen sympathischen Mitmenschen gehalten werden – und nicht für ein armes Würstchen.

Wenn im Berufsleben jemand bei Ihnen mit solchen Geschichten punkten will, dann ist oft ein gewisses Misstrauen am Platz. Fragen Sie sich: Warum will der bloß so menschlich wirken? Was führt er eigentlich im Schilde?

Auf einen Blick: So entstehen peinliche Situationen

- Peinlich wird eine Situation, wenn Sie kippt, der positive Eindruck sich beispielsweise ins Gegenteil verkehrt oder eine Erwartung enttäuscht wird.

- Ob etwas peinlich ist, entscheiden die Beteiligten. Jemand muss die Sache peinlich finden, dann ist sie es.

- Peinlichkeit hängt vom kulturellen und sozialen Umfeld ab. Was in einem Milieu oder einer Kultur üblich ist, kann für Außenstehende peinlich sein.

- Auf Peinlichkeit reagieren wir körperlich: mit Erröten, fahrigen Gesten oder gesenktem Blick.

- Rituale und Konventionen können Halt geben, ebenso hilft ein innerer Schutzschild, Peinlichkeit zu ertragen.

- Peinlichkeit bei anderen fasziniert uns, wir schwanken zwischen Mitleid und Schadenfreude und fühlen uns selbst von Stress entlastet.

Die kleinen Peinlichkeiten

Ihnen fällt der Name Ihres Gesprächspartners nicht mehr ein? Sie sind nicht ganz korrekt gekleidet? Sie machen einen Scherz, der eher frostig aufgenommen wird? So etwas kann immer einmal passieren.

Damit aus kleinen Peinlichkeiten keine großen werden, lesen Sie hier, wie Sie souverän reagieren,

- wenn Sie ins Fettnäpfchen getreten sind (S. 43),
- wenn Sie unsicher sind in Fragen der Etikette (S. 47) oder
- wenn Ihnen bei Tisch ein Missgeschick unterlaufen ist (S. 52).

Fehlstart bei der Begrüßung

Schon bei der Begrüßung kann allerhand schief laufen. Sie können jemanden, der freudestrahlend auf Sie zutritt, einfach nicht einordnen. Oder Ihnen fällt der Name nicht ein. Oder Sie begrüßen jemanden, der Sie nicht erkennt. Misslingt die Begrüßung, dann belastet das die gesamte Begegnung. Und aus einer Lappalie kann eine handfeste Blamage werden.

Namen vergessen?

Es dürfte kaum jemanden geben, der diesen Fall nicht kennt: Man weiß den Namen seines Gesprächspartners nicht mehr. Man weiß nur, dass man den Namen eigentlich kennen müsste. Oder es fällt einem schon ein Name ein, aber man ist unsicher, ob der stimmt.

Einfach darüber hinweggehen

Viele behelfen sich damit, dass sie den Namen ihres Gesprächspartners einfach nicht nennen und schnell über etwas anderes reden. Wenn Sie jemanden nur kurz begrüßen und ein, zwei Sätze wechseln, kann das auch ganz hilfreich sein. Sie machen keine Affäre aus Ihrer kleinen Gedächtnisschwäche. Und es fällt meist gar nicht auf.

Beispiel

„Guten Tag, Herr Krohn!", begrüßt Frau Reimann ihren Arbeitskollegen im Supermarkt. „Ja, ich grüße Sie", erwidert der Angesprochene. „Decken Sie sich auch fürs lange Wochenende ein?"

Höflich nachfragen

Sobald die Begegnung aber über eine flüchtige Begrüßung hinausgeht, sollten Sie Ihre Gedächtnislücke gerade nicht überspielen. Fragen Sie gleich zu Beginn höflich nach dem Namen. Dann ist es am wenigsten peinlich. Je länger sich das Gespräch hinzieht, umso unangenehmer ist es, wenn sich herausstellt, dass Sie den Namen nicht kennen. Und umso höher ist auch die Hürde für Sie, einfach nachzufragen.

Beispiel

> „Guten Tag, Frau Kamp", begrüßt Herr Mertes eine gute Kundin bei einem Firmenempfang. „Schön, Sie heute Abend bei uns zu sehen." – „Auch ich freue mich, Sie zu sehen", erwidert Frau Kamp. „Aber helfen Sie mir bitte: Wie war noch Ihr Name?"

Beziehung aufwerten

Für den anderen ist es nicht gerade schmeichelhaft, dass man sich nicht an seinen Namen erinnert. Bei ihm kommt die Botschaft an: Sie sind nicht wichtig für mich. Und das ist eine Kränkung, die Sie ihm nicht zumuten sollten. Dass Sie überhaupt nachfragen, ist schon ein erster Schritt. Es ist ja viel kränkender für den anderen, wenn Sie sich über die Sache hinwegmogeln. Damit bringen Sie zum Ausdruck: Ich weiß Ihren Namen nicht und ich will ihn auch jetzt nicht wissen. Stattdessen sollten Sie sich bei dem anderen entschuldigen und in irgendeiner Weise Ihre Wertschätzung zum Ausdruck bringen. Dazu sind keine großen Gesten nötig. Die wären eher unangemessen. Sie wirken glaubwürdiger und authentischer, wenn Sie irgendetwas ansprechen, was Sie über den anderen wissen. So erkennt er, dass Sie zwar seinen Namen vergessen haben, sich im Übrigen aber sehr wohl an ihn erinnern können.

Beispiel

 „Helfen Sie mir bitte: Wie war noch Ihr Name?", fragt Frau Kamp. – „Mertes. Wir hatten im letzten Herbst miteinander zu tun." – „Ach ja, richtig, Herr Mertes. Sie hatten doch damals von Ihrem Auftrag in Slowenien erzählt. Hat das eigentlich geklappt?"

Fallen Sie nicht mit der Tür ins Haus. Die Aufwertung des anderen sollte eher dezent geschehen. Finden Sie keinen geeigneten Anknüpfungspunkt, dann lassen Sie Erinnerungen lieber auf sich beruhen.

Ihr „verfluchtes Namensgedächtnis"

Oft eine gute Alternative ist der Hinweis auf Ihr schlechtes Namensgedächtnis: „Entschuldigen Sie bitte. Mein Namensgedächtnis lässt mich wieder im Stich. Wie war noch gleich Ihr Name?" Dadurch entkrampfen Sie die Situation und drücken indirekt Ihre Wertschätzung für den anderen aus. Manche unterfüttern die Sache noch mit einer kleinen peinlichen Geschichte, wie sie erst kürzlich einen wichtigen Namen vergessen haben.

Halten Sie die Sache kurz und knapp

Es gilt für alle kleinen Peinlichkeiten: Treten Sie die Sache nicht breit. Fragen Sie nach dem Namen, entschuldigen Sie sich, zeigen Sie Interesse an Ihrem Gegenüber. Damit hat es sich. Weitschweifige Erklärungen, warum Ihnen das jetzt passiert ist, machen die Angelegenheit für den anderen nur peinlicher.

Hände schütteln oder nicht?

Heute ist in vielen Situationen unklar, ob man dem anderen zur Begrüßung die Hand geben sollte oder nicht. Einerseits wird dadurch die Begrüßung aufgewertet und jemand, dem man nicht die Hand reicht, kann sich zurückgesetzt fühlen. Andererseits gilt vielen das Händeschütteln als zu förmlich. Und manchen ist es regelrecht unangenehm. Raum genug also für viele kleine Peinlichkeiten und ausreichend Gelegenheit, sie zu meistern.

Ihr Gegenüber erwartet einen Händedruck

Ob wir uns die Hand geben, das entscheidet sich in Bruchteilen von Sekunden. Manchmal kommt Ihnen der andere schon mit ausgestreckter Hand entgegen. Dann müssen Sie ihm die Hand geben, auch wenn Ihnen das unangenehm ist. Denn dem anderen in so einer Situation die Hand zu verweigern, wäre eine schwere Kränkung und keine kleine Peinlichkeit mehr.

Bisweilen ist die Situation jedoch nicht so eindeutig. Aus einer angedeuteten Bewegung schließen wir, dass der andere unseren Händedruck erwartet hat. Aber wir haben ihm bereits zugewinkt und unsere Begrüßung abgeschlossen. Unangenehm, aber nicht mehr zu ändern. Sie sollten einfach darüber hinweggehen und sich nicht etwa noch rechtfertigen.

Anders sieht die Sache aus, wenn Ihr Gegenüber von sich aus eine Bemerkung macht: „Ach, Sie geben mir wohl nicht die

Hand?" Oder Vergleichbares. Dann müssen Sie reagieren. „Ich dachte, so ein Händedruck ist vielleicht ein bisschen förmlich", könnten Sie erwidern und hinzufügen: „Ich gebe Ihnen natürlich gerne die Hand." Und dann strecken Sie die Hand aus. Die Bedeutung einer solchen Geste sollten Sie nicht unterschätzen.

Ihr Gegenüber möchte Ihnen nicht die Hand geben

Strecken Sie dem anderen Ihre Hand entgegen, ohne dass er sie ergreift, dann sollten Sie darüber hinweggehen. Schließen Sie langsam Ihre Hand und ziehen Sie sie unauffällig zurück. Ihre Hand nicht zu schütteln, das ist zwar sehr unhöflich, aber Sie wissen nicht, welchen Grund es dafür gibt. Manchen Menschen ist es einfach schrecklich unangenehm, anderen die Hand geben zu müssen. Sie können ihnen keinen größeren Gefallen tun, als darüber keine Worte zu verlieren.

Alle oder keiner

Wenn Sie zu einer Gruppe dazukommen, dann sollten Sie alle in gleicher Weise begrüßen – also allen die Hand geben oder keinem. Schütteln Sie erst die Hände und grüßen dann in die Runde, macht das keinen guten Eindruck. Diejenigen, denen Sie nicht die Hand gegeben haben, werden sich missachtet fühlen. Ausnahme: Die Personen, denen Sie die Hand reichen, sind in irgendeiner Weise hervorgehoben. Wenn es sich um die Gastgeber oder die Vorgesetzten handelt, dann ist es häufig sogar angeraten, hier einen Unterschied zu machen.

Ganz generell gilt: Erwidert jemand Ihren Gruß nicht, dann gehen Sie einfach darüber hinweg.

Falsche Anrede

Gerade bei hochrangigen Gesprächspartnern sind wir oft unsicher: Wie müssen wir sie korrekt ansprechen? Hat der eine einen Doktortitel? Und wenn ja, sollen wir ihn damit anreden, auch wenn es legerer zugeht? Ganz gewiss ist es ein Gebot der Höflichkeit, sein Gegenüber korrekt anzusprechen. Aber es ist kein Drama, wenn Sie sich nicht so genau auskennen. Halten Sie sich einfach an die folgenden Faustregeln:

- Wie die korrekte Anrede von Botschaftern, Bischöfen, Bürgermeistern und anderen Honoratioren lautet, können Sie in vielen Benimmbüchern nachlesen. Vor einem Treffen sollten Sie sich Klarheit verschaffen.

- Wissen Sie nicht genau, wie Sie den anderen ansprechen sollen, fragen Sie einfach nach: „Entschuldigung, wie lautet die korrekte Anrede?" Niemand wird Ihnen das verübeln, eine falsche Anrede schon.

- Bei akademischen Titeln machen Sie nichts falsch, wenn Sie im Zweifel die förmliche Anrede wählen: Frau Professor, Herr Doktor. Legt der andere keinen Wert auf den Titel, wird er Ihnen das mitteilen.

Stillschweigende Korrektur

Bemerken Sie, dass Sie den anderen falsch angeredet haben, müssen Sie das nicht eigens erwähnen. („Oh, entschuldigen Sie, ich wusste gar nicht, dass Sie Doktor sind.") Sprechen Sie ihn lieber bei der nächsten Gelegenheit korrekt an. Das wirkt wesentlich souveräner.

Etwas anderes gilt, wenn Sie unsicher sind, etwa wenn ein Dritter Ihren Gesprächspartner mit einem Titel anspricht, Sie aber nicht wissen, ob das überhaupt korrekt ist. Dann ist es angemessen nachzufragen.

Sie werden selbst falsch angeredet

Spricht jemand Ihren Namen falsch aus oder schreibt Ihnen einen Titel zu, den Sie gar nicht haben, ist es ratsam, die Sache sofort richtigzustellen. Dabei ist es keineswegs unhöflich, Ihren Gesprächspartner zu unterbrechen.

Greift der andere in der Anrede allerdings nur knapp daneben oder lässt er Ihren Titel weg, sollten Sie auf eine Richtigstellung verzichten. Denn das wirkt besserwisserisch und eitel. Ebenso wenig Sinn hat es, den anderen ständig zu korrigieren, wenn er Sie hartnäckig falsch anspricht. Mehr als zwei Mal sollten Sie ihn nicht verbessern. Und dabei sollten Sie eher freundlich schmunzeln, als die Sache kühl klarzustellen.

Falsch gekleidet

Häufig wird das Risiko unangemessener Kleidung unterschätzt, gerade von denen, die sich im Umgang mit ihren Mitmenschen sonst recht sicher fühlen. Im falschen Outfit? Na und? Da geht es ja „nur" um Äußerlichkeiten. Mit Charme und Gewandtheit lässt sich das mühelos ausgleichen, glauben manche. Doch das stimmt nur zum Teil. Denn wir können uns gar nicht dagegen wehren, als Außenseiter zu erscheinen, wenn mit unserer Kleidung etwas nicht stimmt. Sie werden nicht ernst genommen, mit Argwohn betrachtet oder schlicht links liegen gelassen. Und Sie fühlen sich auch selbst nicht wohl in Ihrer Haut. Und was das Schlimmste ist: Sie können Ihren Missgriff kaum noch korrigieren, sondern müssen die Situation in der falschen Kleidung durchstehen – bis zum bitteren Ende.

Keine Erklärungen, keine Rechtfertigungen

Ein verbreiteter Fehler, mit dem Sie die Peinlichkeit noch vergrößern: Sie erzählen allen, die Ihnen über den Weg laufen, wie es zu dem Missgriff kam. Immerhin möchten Sie Ihren Ruf retten. Doch bewirken Sie nur das Gegenteil. Niemand möchte sich irgendwelche Rechtfertigungen anhören. Manche betreiben auch eine Strategie des Überdramatisierens. Damit wollen sie sich von Ihrem Outfit distanzieren. Doch das gelingt nun einmal nicht. Sie können Ihre Kleidung nicht durchstreichen, indem Sie erklären, wie schrecklich Sie darin aussehen und wie unangenehm Ihnen das alles ist. Mit solchen Erklärungen fallen Sie den anderen nur auf die Nerven.

> An der falschen Kleidung können Sie nichts ändern. Bleiben Sie gelassen und denken Sie am besten nicht weiter über Ihre Kleidung nach. Das blockiert Sie nur.

Distanzieren Sie sich beiläufig von Ihrer Kleidung

Natürlich wollen Sie nicht so erscheinen, als wüssten Sie nicht, wie man sich angemessen kleidet. Doch wie sollen Sie das den anderen mitteilen? Es gibt nur eine souveräne Lösung des Problems: Sie lassen es irgendwann ganz beiläufig einfließen. Zum Beispiel könnten Sie erzählen, wie sehr Sie sich beeilt haben, hierher zu kommen, und keine Zeit mehr hatten, sich umzuziehen. Oder Sie kommen darauf zu sprechen, wie Sie der Gastgeber eingeladen hat und irgendetwas von „lässig eleganter Freizeitkleidung" erwähnt hat. Sehr souverän wirken Sie, wenn Sie zu Ihrer unpassenden Garderobe eine lustige Geschichte erzählen können. Sind Sie ohne Ihr Gepäck auf dem Flughafen gelandet? Haben Sie den Koffer verwechselt? Solche Geschichten hören die Leute gerne.

Bei Bemerkungen beziehen Sie Stellung

Macht jemand eine spöttische Bemerkung, sollten Sie Stellung beziehen. Nehmen Sie dem Spott den Stachel, räumen Sie Ihren Fehler ein oder machen Sie sich einfach über die Sache lustig. Sie können auch erklären, wie es zu dem Missgriff kam, denn es war der andere, der das Thema aufgebracht hat. Sie sollten nur dafür sorgen, dass es schnell vom Tisch ist.

Beispiel

 „Was haben Sie denn da für eine grüne Hose an?", erkundigt sich Herr Jobst. „Wollten Sie zum Ball der Förster?" – „Sie haben Recht, ich habe mich bei der Wahl meiner Hose etwas vertan. Ich habe mich so beeilt, da habe ich ganz schnell in den Kleiderschrank gegriffen – und die erstbeste Hose herausgenommen, die keine Jeans war."

Manchmal sollten Sie lieber gehen

Sind Sie völlig unangemessen gekleidet, dann sollten Sie darüber nachdenken zu gehen. Häufig ist es besser, Sie ziehen sich vorzeitig zurück, ehe Sie sich in Ihrem Aufzug unmöglich machen. Die anderen werden dafür Verständnis haben. Womöglich werden Sie sogar Respekt ernten, denn deutlicher kann man sich ja nicht von seiner Kleidung distanzieren. Bemerken Sie Ihnen Fehler frühzeitig, ist es sogar das Beste, auf dem Absatz kehrtzumachen – solange Sie noch keiner gesehen hat.

Flecken oder offener Reißverschluss

Ein Klassiker unter den peinlichen Situationen: Sie haben einen Fleck auf Ihrer Kleidung oder ein Reißverschluss steht offen (wahlweise Kleid, Rock oder Hose).

Was den Fleck betrifft, so können Sie versuchen, ihn zu entfernen. Häufig wird das nicht möglich sein. Dann lassen Sie die Sache einfach auf sich beruhen. Spricht Sie jemand darauf an: „Sie haben da einen Fleck auf der Hose ...", dann erklären Sie freundlich: „Danke, ich habe das schon bemerkt", und wechseln das Thema.

Bei offenen Knöpfen und Reißverschlüssen gilt die Devise: unauffällig schließen und keine Worte darüber verlieren. Werden Sie darauf angesprochen, sollten Sie sich für den Hinweis bedanken und die Angelegenheit in Ordnung bringen. Verkneifen Sie sich humoristische Bemerkungen. Je weniger Aufhebens davon gemacht wird, umso besser.

Ins Fettnäpfchen getreten

Sie machen eine harmlose Bemerkung, und Ihr Gesprächspartner wird recht einsilbig oder verhält sich seltsam. Was ist passiert? Manchmal haben Sie keine Ahnung, manchmal haben Sie einen Verdacht. Und manchmal wissen Sie es nur zu genau. Sie könnten sich die Zunge abbeißen, dass Ihnen das herausgerutscht ist. Und doch ist die Ausgangslage in allen drei Fällen ähnlich. Sie sind ins Fettnäpfchen getreten und verspüren den dringenden Wunsch, aus dieser peinlichen Situation wieder herauszukommen.

Beispiel

 Frau Lauck erzählt stolz von ihren Kindern, die in England eine Eliteschule besuchen. „Was machen eigentlich Ihre Kinder?", erkundigt sie sich bei Herrn Munzert. „Die müssten doch auch längst aufs Gymnasium gehen?" Der stammelt: „Na ja, also ... müssten sie schon ..."

Wie Sie alles noch schlimmer machen

Ins Fettnäpfchen werden Sie immer wieder einmal treten, und zwar gerade, wenn Sie ein versierter Plauderer sind, der gerne mit seinen Mitmenschen redet. Es gibt nämlich kein Gesprächsthema, das so harmlos ist, dass sich nicht irgendwer dadurch peinlich berührt fühlen könnte. Das ist das eine. Das Zweite: Sie werden gerade dann anecken, wenn Sie munter und meinungsfreudig erzählen und man Ihnen gerne zuhört.

Worauf es hingegen ankommt: dass Sie überhaupt bemerken, dass Ihr Gegenüber peinlich berührt ist. Und dass Sie durch Ihren Versuch, die Situation zu retten, nicht alles noch viel schlimmer machen. Die Situation kann nämlich erst so richtig peinlich werden, wenn Sie einen der folgenden Sätze äußern:

- „Hab ich jetzt was Falsches gesagt?"

- „Das muss Ihnen doch nicht peinlich sein."

- „Oh, entschuldigen Sie bitte. Wie dumm von mir."

- „Bitte glauben Sie mir, ich habe nicht gewusst, dass Sie ..."

Sie müssen nicht verstehen, warum sich der andere schämt

Reagiert der andere auf eine Bemerkung von Ihnen peinlich berührt, dann wollen Sie gerne wissen, warum das so ist. Das ist verständlich, aber es ist genau die falsche Methode, *jetzt* danach zu fragen. Denn dem anderen ist das Thema ja gerade peinlich, auch wenn Sie keine Ahnung haben, warum.

Verhalten Sie sich daher taktvoll und wechseln Sie das Thema, ohne weitere Worte zu verlieren. Wenn der andere Ihnen etwas über die Gründe mitteilen will, dann wird er Sie das wissen lassen. Und wenn nicht, dann sollten Sie das respektieren.

Ausnahme: Wenn Sie den anderen gut kennen, kann es angemessen sein, nachzufragen: „Wieso reagierst du jetzt so?" Aber dazu brauchen Sie ein enges, vertrauensvolles Verhältnis zum anderen. Wenn das nicht besteht, wirken solche Nachfragen aufdringlich.

Verzichten Sie auf eine Entschuldigung

Die Situation ist für den anderen doppelt unangenehm: Die Angelegenheit ist ihm peinlich. Und zugleich ist ihm peinlich, dass ihm die Sache peinlich ist. Sie haben seinen wunden

Punkt erwischt. Wenn Sie sich entschuldigen, reiben Sie ihm nochmals unter die Nase, dass Sie ihn für ein armes unsouveränes Würstchen halten. Manchmal kann es allerdings sinnvoll sein, sich zu entschuldigen – wenn Sie nämlich den „wunden Punkt" Ihres Gegenübers durchaus gekannt haben. Aber selbst dann sollten Sie sich erst deutlich später entschuldigen, wenn die peinliche Situation für den anderen längst ausgestanden ist.

Geschmacklose Scherze

Auch das kommt vor: Ihnen rutscht eine Bemerkung heraus, die Sie witzig meinen, aber Ihnen wird sofort klar, dass Sie das nicht hätten sagen sollen.

Beispiel

 Ausgelassene Stimmung. Herr Fricke ergreift das Wort, er gerät ins Stottern: „Da-da-das ist aber ni-ni-nicht so." Herr Dostert witzelt: „Finde ich cool, Ihre Rap-Sprache."

Das ist natürlich fatal. Wie können Sie so etwas wiedergutmachen? Die Antwort lautet: im Moment gar nicht. Sparen Sie sich die Entschuldigung. Allenfalls später unter vier Augen können Sie den anderen bitten, über Ihre dumme Bemerkung hinwegzusehen. Ansonsten gilt die goldene Regel für peinliche Bemerkungen: Tun Sie einfach so, als hätten Sie gar nichts gesagt. In nicht ganz so schlimmen Fällen können Sie sich von Ihrer Äußerung sofort distanzieren: „War ein Spaß. Nicht so gemeint." Oder: „Das sollte ein Scherz sein. Ist aber verunglückt." Die Sache ist nur, dass Sie Ihre Worte nicht ungeschehen machen können. Daher sollten Sie es allenfalls bei einem kurzen Kommentar belassen und von anderen Dingen sprechen.

Die anderen biegen sich vor Lachen

Besonders peinlich ist es, wenn sich die anderen über Ihren geschmacklosen Scherz ausschütten vor Lachen. Selbstverständlich stimmen Sie in dieses Gelächter nicht noch mit ein. Allerdings hat es meist auch wenig Sinn, die Lachenden aufzufordern, mit dem Gelächter aufzuhören. Dadurch verstärken Sie es nur. Sprechen Sie lieber ein völlig neues Thema an. Das bringt sie auf neue Gedanken.

Keine Ahnung von der Etikette

Wie war das noch? Dürfen Sie als Frau bei einer Begrüßung sitzen bleiben? Wann müssen Sie als Mann als Erster durch die Tür gehen? Wie übergeben Sie Ihre Visitenkarte? Und wann gehen Sie bei einem Geschäftsessen als Gastgeber voran und wann sind Sie der Letzte in der Reihe? Antworten auf diese Fragen finden Sie im Business-Knigge (s. Literaturverzeichnis, S. 127). In diesem TaschenGuide beschäftigen wir uns mit der Frage, wie Sie sich verhalten, wenn Sie in der betreffenden Situation entweder nicht Bescheid wissen oder sich schon falsch verhalten haben.

Die große Verunsicherung

Ohne Zweifel sind die Umgangsformen etwas legerer geworden. Das macht die Sache aber nicht einfacher. Denn es ist unklarer denn je, was „geht" und was „nicht geht". Manche

eherne Verhaltensregel von damals gilt heute als steif und
förmlich – aber eben nicht überall. Das heißt, Sie sollten
wissen, was in den Kreisen üblich ist, in denen Sie sich bewe-
gen. Sonst outen Sie sich als jemand, der nicht Bescheid weiß
und deshalb nicht richtig dazugehört.

Wie machen es die Insider?

Eine weit verbreitete Methode, die eigene Unsicherheit zu
überspielen: Man beobachtet, wie sich die anderen verhalten.
Klugerweise sollten Sie sich an denen orientieren, von denen
Sie annehmen dürfen, dass sie sich am besten auskennen,
also an den parkettsicheren „alten Hasen". Dies, empfiehlt
sich vor allem in Situationen, in denen Sie Zeit haben, sich in
aller Ruhe das Verhalten abzuschauen

Fragen Sie nach

Nicht immer bietet es sich an, den Autoritäten in Sachen
Benimm nachzueifern. Tatsächlich wirkt es manchmal peinlich, wenn Sie verstohlen aus dem Augenwinkel beobachten,
was der graumelierte Herr am Nachbartisch mit der Austern-
gabel anstellt. Sie erscheinen wesentlich souveräner, wenn
Sie in solchen Situationen einfach nachfragen: „Sagen Sie,
wie geht man mit diesem Besteck um?" Oder: „Wie halten Sie
es hier mit dem Rauchen?" Oder auch in lockerer Runde, in
der sich die meisten duzen: „Wie wollen wir es mit dem Du
halten?"

Die Nachfrage ist die beste Methode, wenn es um nicht all-
tägliche Dinge geht (z. B. Umgang mit der Hummerzange,
Rituale bei bestimmten Festen, die Ihnen nicht vertraut sind)

oder darum, sich in einer fremden Kultur angemessen zu verhalten.

Folgen Sie selbstsicher Ihrer Intuition

Sie haben jemanden zum Geschäftsessen eingeladen. Sollen Sie jetzt hinter dem Kellner zum reservierten Tisch vorangehen oder Ihrem Gast den Vortritt lassen? Da können Sie nicht nachfragen. Ebenso wenig, wenn Sie eine Schnecke im Salat oder ein Haar in der Suppe finden: „Sagen Sie, muss ich jetzt dem Kellner Bescheid sagen?" (Antwort: Ja, bitten Sie um einen neuen Salat bzw. eine neue Suppe). In solchen Fällen sollten Sie sich auf Ihre Intuition verlassen. Was ist in der betreffenden Situation vermutlich das angemessene, höfliche Verhalten? Auch wenn Sie damit nicht ganz richtig liegen und beispielsweise als Gastgeber direkt dem Kellner folgen, ist das nicht weiter tragisch. Womöglich fällt es ohnehin niemandem auf. Und es ist auf jeden Fall souveräner, als wenn Sie verunsichert zwischen Gast und Kellner hin- und hertrippeln.

> Der Intuition zu folgen bietet sich an, wenn Sie handeln müssen, Sie also nicht abwarten oder um Rat fragen können. Diese Methode hat den Vorteil, dass Sie authentisch bleiben und die Situation nicht unnötig verkomplizieren.

Die Umgangsformen missachtet

Haben Sie gegen die Etikette verstoßen, dann geht es darum, die Situation nicht noch zu verschlimmern. Dabei empfiehlt sich eine abgestufte Reaktion – je nachdem, wie gravierend der Verstoß gegen die Benimmregeln war. Auf jeden Fall aber gilt: Lässt sich Ihr Fehler noch korrigieren, so sollten Sie das umgehend tun – ohne weitere Worte darüber zu verlieren.

Gehen Sie souverän darüber hinweg

Sie sind bei Tisch versehentlich zu früh aufgestanden, haben als Einziger vor dem Anstoßen an Ihrem Sektkelch genippt oder Sie haben bei einem Empfang die anderen so begrüßt, wie es Ihnen in den Sinn kam, also nicht in der korrekten Reihenfolge, die Ihnen auch gar nicht geläufig ist. Sie haben gegen die Etikette verstoßen, sich vielleicht auch ein wenig blamiert, doch sollten Sie das jetzt nicht auch noch breittreten. Dies gilt vor allem, wenn Sie in der betreffenden Situation nur Zaungast sind. Verlieren Sie keine Worte darüber. Machen Sie es beim nächsten Mal einfach besser.

Manchmal bietet es sich an, mimisch zu verstehen zu geben, dass Sie Ihren Fehler bemerkt haben und dass Ihnen die Sache peinlich ist. Bei weit geöffneten Augen führen Sie eine geschlossene Hand zum Mund und decken ihn ab. Das hat die die Bedeutung: Auweia, das ist mir peinlich! Und es ist eben nicht aufdringlich.

Entschuldigen Sie sich

Die nächste Stufe: Sie entschuldigen sich für Ihren Verstoß. Damit geben Sie der Sache aber etwas mehr Gewicht – was durchaus angemessen sein kann.

Beispiel

„Entschuldigen Sie bitte, ich habe nicht gesehen, dass Sie Ihren Mantel anziehen." – Und deswegen haben Sie dem Gast nicht geholfen.

„Entschuldigen Sie bitte, ich habe keine Ahnung, wen ich als Erstes vorstellen muss. Aber ich würde Sie gerne miteinander bekannt machen", sagen Sie entwaffnend und bringen mit Ihren guten Absichten die Angelegenheit sehr souverän hinter sich.

„Entschuldigen Sie bitte, ich kenne mich in Fragen der Etikette überhaupt nicht aus. Da muss ich immer meine Frau fragen. und die ist heute nicht da." Auch so ein Statement kann sehr sympathisch wirken.

Mit einer Entschuldigung zeigen Sie,

- dass Sie die Sache ernst nehmen,
- dass Sie gemerkt haben, dass Sie sich nicht korrekt verhalten haben, und
- dass Sie die Angelegenheit gerne bereinigen möchten.

Ziehen Sie sich zurück

Kommen Sie überhaupt nicht zurecht, fühlen Sie sich allein gelassen oder ist Ihnen Ihr Verstoß gegen die Umgangsformen extrem peinlich, dann kommt durchaus der geordnete Rückzug in Frage. Sie sollten sich darüber im Klaren sein, dass es sich um eine recht massive Reaktion handelt. Doch die ist in manchen Fällen auch angebracht. Weisen Sie auf Ihren schlechten Zustand hin, nehmen Sie für sich das Recht in Anspruch, sich zurückzuziehen. Einerseits kommt das einer Kapitulation gleich, andererseits können Sie sich nicht deutlicher von Ihrem Verhalten distanzieren: Ich war in einem Ausnahmezustand und musste die Situation sofort beenden.

Missgeschicke bei Tisch

Bei Tisch drohen Peinlichkeiten ganz eigener Art. Nicht nur die Tischsitten gilt es einzuhalten, was im Zeitalter von Ethnofood und Businesslunch nicht immer ganz einfach ist. Zugleich müssen wir unseren Körper beherrschen und darauf achten, keine Gläser umzustoßen und uns nicht zu bekleckern.

Das umgestoßene Weinglas

Der Klassiker unter den peinlichen Situationen bei Tisch: Sie stoßen ein Weinglas um. Der Inhalt ergießt sich womöglich auf die Kleidung Ihres Nachbarn. Wie reagieren? Am wichtigsten: Ruhe bewahren. Verkneifen Sie sich alle hektischen Versuche, die Dinge wieder in Ordnung zu bringen. Stattdessen sollten Sie folgendermaßen vorgehen:

So gehen Sie vor
1 Entschuldigen Sie sich für Ihr Versehen und sagen Sie, dass es Ihnen Leid tut.
2 Informieren Sie das Personal und bitten Sie um Hilfe.
3 Werden Sie nicht von sich aus tätig, sondern bieten Sie Hilfe an.
4 Kündigen Sie an, die Reinigungskosten zu übernehmen.

Beispiel

Frau Lauck stößt versehentlich das Weinglas von Frau Taussig um. „Oh nein!, ruft Frau Lauck bestürzt. „Bitte entschuldigen Sie. Das ist mir furchtbar peinlich." Frau Taussig versucht mit ihrer Serviette den Rotwein aufzutupfen. Frau Lauck winkt die Kellnerin heran: „Entschuldigen Sie bitte, ich habe hier gerade ein Weinglas umgestoßen."

Wenden Sie sich an das Personal

Im Unterschied zu Ihnen weiß das Personal im Allgemeinen sehr gut, was jetzt zu tun ist. Es ist gewiss nicht das erste Glas Wein, das hier umstürzt. Und so wird die Bedienung die peinliche Situation schnell und diskret entschärfen können. Daher ist es eigentlich immer hilfreich, sich in kritischen Fällen gleich an das Personal zu wenden, zum Beispiel wenn Geschirr zu Bruch gegangen ist, wenn Sie die Gabel fallen gelassen oder eine Vase umgestoßen haben. Behandeln Sie das Ganze diskret und machen Sie die Sache nicht unnötig zum Tischgespräch.

Hilfe anbieten und Reinigungskosten übernehmen

Auch wenn das Personal die Sache in die Hand genommen hat, sollten Sie von sich aus noch Hilfe anbieten. Fragen Sie beispielsweise: „Kann ich etwas für Sie tun? Möchten Sie irgendwo hingefahren werden?" In aller Regel wird das abgelehnt. Doch als Geste hilft es, die Situation zu entschärfen. Das gilt ebenso für die Ankündigung, die Reinigungskosten zu übernehmen. Dabei sollten Sie sich auf keinen Fall aufdrängen oder die Angelegenheit theatralisch überhöhen. Das vergrößert die Peinlichkeit nämlich beträchtlich. Äußern Sie sich möglichst schlicht: „Lassen Sie mich bitte die Reinigungskosten übernehmen." In den meisten Fällen wird das abgelehnt oder kommentarlos übergangen. Und damit hat sich die Sache. Im Übrigen sollten Sie die Übernahme der Reinigungskosten nie als Frage formulieren.

Was tun mit Unverdaulichem?

Sie kauen auf einem harten Stück herum, das sich einfach nicht herunterschlucken lässt. Sie haben eine Gräte im Mund. Oder Sie beißen auf einen Kirschkern. Wohin damit? Die Faustregel lautet: Alles verlässt den Mund auf dem gleichen Weg, auf dem es in ihn hineinkam. Gräten werden mit der Gabel, Kerne mit dem Löffel oder mit der Hand auf den Teller befördert. Unappetitliche Fleischreste sollten Sie eher diskret in einem Papiertaschentuch verschwinden lassen, das Sie an sich nehmen und nach dem Essen irgendwo unauffällig entsorgen.

Wann sollten Sie den Tisch verlassen?

Eigentlich bleiben Sie während des Essens am Tisch. Wenn Sie austreten müssen, dann tun Sie dies zumindest zwischen den Gängen und nicht, solange noch gegessen wird. Doch gibt es auch Gründe, die Sie dazu bringen sollten, die Tafel zügig zu verlassen: wenn Sie sich verschluckt haben und unablässig husten müssen, wenn Sie Ihre Kleidung von Flecken reinigen wollen oder wenn Ihr Partner den Tisch verlassen muss und Ihre Unterstützung braucht.

> In den meisten Fällen genügt es, zu sagen, dass Sie den Tisch verlassen müssen. Eine nähere Begründung ist oft gar nicht angebracht.

Wenn das Handy klingelt

Gerade bei einem Businesslunch ist es nicht selten, dass sich irgendwo ein Handy meldet. Das ändert nichts daran, dass es unhöflich ist, das Mobiltelefon vorher nicht abzuschalten. Doch wenn Sie es nun schon einmal vergessen haben? Den Anrufer einfach „wegzudrücken", wäre ihm gegenüber grob unhöflich. Also sollten Sie das Gespräch annehmen. Vorher erklären Sie jedoch: „Entschuldigen Sie, ich habe vergessen, mein Handy abzuschalten. Erlauben Sie, dass ich das Gespräch kurz entgegennehme?" Dazu kann es nötig sein, den Tisch für einen Moment zu verlassen. Zumindest sollten Sie sich wegdrehen. Das Gespräch halten Sie so kurz wie möglich. Und anschließend schalten Sie das Handy aus.

Sich mit Humor retten

Kleine Peinlichkeiten können Sie mit Humor gut überspielen. Dabei geht es nicht darum, besonders witzig zu sein oder die Lacher auf seiner Seite zu haben. Vielmehr ist eine leisere Art von Humor gefragt, der eine gewisse Portion Selbstironie beigemischt ist. Humor ist aus zwei Gründen ein geeignetes Mittel, leichtere Peinlichkeiten abzufedern:

- Sie bringen eine gewisse Gelassenheit zum Ausdruck. Sie zeigen, dass Sie sich nicht verletzt fühlen und auch dem anderen nicht gefährlich werden.

- Mit einer scherzhaften Bemerkung treten Sie aus der peinlichen Situation heraus, in der Sie und Ihr Gegenüber stecken. Sie bieten dem anderen an, sich auf einer neuen Ebene zu treffen.

Distanz und Gemeinsamkeit

Das ist der ganze Trick bei der Sache: Von dem, was unangenehm ist, distanzieren Sie sich – von dem Missgeschick, das Ihnen unterlaufen ist, von der Verunsicherung, in der Sie stecken, von der kleinen Blamage. Gleichzeitig stellen Sie zum anderen eine Verbindung her. Wenn er über Ihren Scherz auch nur ein wenig schmunzelt, gibt er zu erkennen, dass er mit Ihnen auf einer Wellenlänge liegt.

Souveränität bewahren

Und es kommt noch etwas hinzu, das den Humor in peinlichen Situationen so nützlich macht: Sie behalten Ihre Souveränität, obwohl Ihre Handlungsfähigkeit mitunter sehr stark eingeschränkt ist.

Beispiel

 Frau Kleemann soll einen Vortrag halten. Auf dem Weg zum Podium stolpert sie. Ihr Manuskript fällt ihr aus der Hand. Sie sammelt die Blätter wieder auf, geht zum Pult und sagt: „Wie Sie sehen, kann ich es kaum erwarten, zu Ihnen zu sprechen."

Das unsichtbare Augenzwinkern

Wie aber soll man es anstellen, in einer peinlichen Situation noch humorvoll zu sein? Das ist gar nicht so schwer, wie Sie vielleicht glauben. Denn es genügt, wenn Sie etwas äußern, was offensichtlich nicht ernst gemeint ist. Sie sprechen sozusagen mit einem inneren Augenzwinkern.

Das können Sie schon mit Ihrer Wortwahl ausdrücken. Sie benutzen Begriffe, die nicht ganz passen oder die antiquiert sind. Zum Beispiel sagen Sie „Fernsprecher" statt „Telefon" oder „Reifeprüfung" statt „Abitur". Auch gut geeignet sind Begriffe aus einer gemeinsamen Fachsprache, die hier natürlich unangemessen sind, die Sie aber bedenkenlos einsetzen können. Denn Sie wollen ja nur eines, dem anderen klarmachen: Das ist nicht ernst gemeint.

Erwartung durchbrechen

Dies ist das einfachste Mittel, andere zum Schmunzeln zu bringen: Sie tun etwas Harmloses, mit dem Ihr Gegenüber nicht rechnet. In peinlichen Situationen sind die Ansprüche stark abgesenkt. Sie können mit ganz banalen Feststellungen befreiende Heiterkeit auslösen.

Beispiel

 Herr Jäger hat einen Vortrag gehalten. Seine Assistentin versucht ihn möglichst diskret darauf aufmerksam zu machen, dass seine Hose offen steht. Dadurch macht sie die Sache erst recht peinlich. Als Herr Jäger begriffen hat, worauf die Assistentin hinauswill, wendet er sich um, schließt die Hose und fragt: „Ist Ihnen vielleicht sonst noch etwas Interessantes aufgefallen?"

Sich selbst auf die Schippe nehmen

Besonders wirksam können Sie Ihre Souveränität herausstellen, wenn Sie einen Scherz machen, der auf Ihre Kosten geht.

Damit lösen Sie zugleich die Anspannung, unter der die anderen stehen. Wer es sich leisten kann, sich selbst auf die Schippe zu nehmen, der fühlt sich sicher. Und je nach Situation kann sich das auch auf die anderen übertragen.

Beispiel

> Geschäftsessen. Es werden Schalentiere serviert. Herr Franke wendet sich an seine Nachbarin: „Ob Sie es glauben oder nicht: Ich habe keine Ahnung, wie man mit diesem Besteck an das Krebsfleisch kommen soll. Ich glaube, ich würde damit nicht mal eine Nuss aufbekommen."

Selbstironie fein dosieren

So erfrischend, ja erlösend es manchmal sein kann, wenn sich jemand selbst nicht ernst nimmt – übertreiben sollten Sie es auf keinen Fall damit. Erstens nutzt sich der Effekt schnell ab, wenn er zur „Masche" wird und Sie Ihre Zuhörer ständig damit behelligen, dass Sie dieses und jenes nicht verstehen oder nicht können. Zweitens ist aber auch so, dass Sie einen zwiespältigen Eindruck hinterlassen, wenn Sie sich ständig über sich selbst lustig machen.

> „Mach dich nicht so klein, du bist gar nicht so groß" ist eine der lebensklugen Maximen, die Friedrich Torberg seiner „Tante Jolesch" abgelauscht hat. In diesem Sinn kann Selbstironie rasch zur Selbstgefälligkeit werden.

Setzen Sie sich niemals selbst herab

Es gibt noch eine zweite Einschränkung: Sich selbst auf die Schippe zu nehmen bedeutet nicht, dass man sich selbst erniedrigt. Vor allem in einer Situation, in der man nicht gut aussieht, wirkt es befremdlich, wenn man noch nachlegt und sich besonders schlechte Eigenschaften andichtet. So etwas findet niemand witzig, sondern es vergrößert die Peinlichkeit beträchtlich.

Wann Sie sich Humor verkneifen sollten

So befreiend eine scherzhafte Bemerkung manchmal sein kann, in vielen Fällen ist sie doch nicht angebracht. Im Gegenteil, Sie verschlimmern die Situation noch enorm, wenn Sie mit Humor reagieren. Das gilt vor allem für die „großen Peinlichkeiten", die uns im nächsten Kapitel beschäftigen. Aber auch in einigen der weniger dramatischen Fälle, von denen in diesem Kapitel die Rede war, sollten Sie sich nicht von Ihrer lustigen Seite zeigen:

- Immer wenn Sie etwas „verbockt" haben, wirkt es verheerend, wenn Sie dann noch einen Scherz riskieren. Auch wenn Sie es nicht so meinen, entsteht leicht der Eindruck, als wäre Ihnen die Angelegenheit herzlich gleichgültig.

- Reagiert Ihr Gegenüber auf eine harmlose Bemerkung von Ihnen peinlich berührt, ist eine lustige Aufmunterung ebenfalls nicht am Platz, sondern eher Zurückhaltung.

- Ist die peinliche Situation dadurch entstanden, dass sich der andere blamiert hat, kann ein gut gemeinter Scherz nach hinten losgehen: Der andere fasst Ihre Bemerkung so auf, als wollten Sie sich über ihn lustig machen.

Die fatale Distanz

Humor schafft Distanz, haben wir gesagt. Das macht ihn einerseits geeignet, aus unangenehmen Situationen herauszutreten – vor allem, wenn Ihr Gegenüber darauf einsteigt und zumindest schmunzelt. Andererseits ist Humor, auch auf eigene Kosten, völlig fehl am Platz, wenn es darum geht, Mitgefühl zu zeigen oder auszudrücken, dass einem die Situation nahegeht. Es ist ein gar nicht so seltenes Missverständnis: Jemand versucht einen anderen aufzuheitern, der sich schämt. Doch dieser fragt sich: Wie kann der nur so unsensibel sein?

Auf einen Blick: Die kleinen Peinlichkeiten

- Haben Sie den Namen Ihres Gegenübers vergessen oder jemanden falsch angeredet, fragen Sie nach, bevor Sie in Verlegenheit geraten.

- Sind Sie zu einem Anlass unpassend gekleidet, rechtfertigen Sie sich nicht. Werden Sie darauf angesprochen, distanzieren Sie sich beiläufig von Ihrem Outfit. Im Extremfall gehen Sie.

- Sind Sie ins Fettnäpfchen getreten, dramatisieren Sie das Ganze nicht, indem Sie sich wortreich entschuldigen oder dem Betroffenen erklären, das müsse ihm nicht peinlich sein. Stattdessen wechseln Sie taktvoll das Thema.

- Kennen Sie sich bei Regeln der Etikette nicht aus, orientieren Sie sich an Vorbildern oder folgen Ihrer Intuition. Im Zweifel fragen Sie nach. Ist Ihnen bei Tisch ein Missgeschick passiert, verständigen Sie das Personal.

Die größeren Peinlichkeiten

In diesem Kapitel nehmen wir uns die schweren Fälle vor, über die noch jeder „Knigge" den Mantel des Schweigens gebreitet hat, weil seinen Lesern so etwas erst gar nicht passieren darf: handfeste Blamagen, schreckliche Entgleisungen, beschämende Bloßstellungen.

Lesen Sie, wie Sie auch bei solchen Gelegenheiten noch halbwegs unbeschadet davonkommen, etwa,

- wenn Ihr Körper nicht so will wie Sie (S. 62),
- wenn Sie sich über jemanden böse mokiert haben und derjenige alles mit angehört hat (S. 77) oder
- wenn Sie als Lügner dastehen (S. 79).

Körperliche Missgeschicke

Will unser Körper nicht so, wie wir wollen, dann wird es schnell sehr peinlich. Eigentlich ist das seltsam, denn wir sind ja alle körperliche Wesen und machen immer wieder die Erfahrung, dass unser Körper uns nicht ganz gehorcht. „Mein Bauch hat seinen eigenen Kopf", hat einmal ein Humorist bemerkt. Als mildernder Umstand kommt noch hinzu, dass wir ja eigentlich anders wollen, also für das, was sich an Unannehmlichkeiten abspielt, gar nicht voll verantwortlich sind. Aber genau hier liegt auch der Grund, weshalb körperliche Missgeschicke uns so besonders peinlich sind: Wir gehen nämlich unter der Voraussetzung miteinander um, dass wir Verantwortung für unser Verhalten tragen. Funkt uns unser Körper dazwischen, dann ist die Situation sehr schnell entgleist (s. S. 22). Und auch unser Gegenüber ist verunsichert.

Wenn Sie stolpern oder stürzen

Ein Klassiker unter den peinlichen Situationen: Sie schreiten bei einer Abendveranstaltung gravitätisch die Treppe hinunter, eilen freudestrahlend jemandem entgegen, um ihn zu begrüßen; oder Sie erstürmen dynamisch das Podium, um Ihren Vortrag zum Thema „Mehr Erfolg durch Kundennähe" zu halten – und dann passiert es: Ein falscher Schritt, ein Stolperer, und Sie landen womöglich auf dem Erdboden.

Oder auch nicht. Was die Sache kaum besser macht. Denn das eigentlich Fatale an diesen unfreiwilligen Ausfallschritten ist, dass sie uns aussehen lassen wie eine Witzfigur. Und tatsächlich lösen sie bei den Zeugen unseres Auftritts oft unwillkürlich Gelächter aus, was die Sache für alle noch peinlicher macht.

Gelächter grundsätzlich ignorieren

Egal, ob die Sache für Sie schmerzhaft ausgeht oder nicht, das Gelächter der anderen sollten Sie gar nicht erst an sich heranlassen. Überhören Sie es einfach. Damit ist allen geholfen. Denn das Lachen ist kein hämisches Auslachen, sondern eher ein Reflex, der sich dem Überraschungseffekt verdankt. Den Betreffenden ist es später meist selbst peinlich. Wollen diese sich im Nachhinein entschuldigen, machen Sie die Sache kurz. Entweder geben Sie sich ahnungslos („Ich habe nichts gehört ...") oder Sie sagen einfach: „Das ist schon in Ordnung. Es muss auch sehr komisch ausgesehen haben." Damit stellen Sie sich souverän über die Situation.

> Werden Sie Zeuge einer solchen Stolperei und müssen unwillkürlich lachen, sollten Sie ebenfalls darüber hinweggehen. Eine Entschuldigung bringt nichts. Dass sich der andere durch Ihr Gelächter gekränkt fühlt, können Sie damit nicht verhindern. Es ist weit hilfreicher, wenn Sie Ihr Lachen selbst übergehen und Anteilnahme zeigen.

Haben Sie sich wehgetan?

Sind Sie unsanft gelandet, dann fühlen sich manche verpflichtet, Ihnen aufzuhelfen. Ist Ihnen das unangenehm, dann sollten Sie das zum Ausdruck bringen: „Danke, ich komme allein zurecht." Oder: „Lassen Sie mich bitte." Sie können sich abwenden und sich erst einmal sammeln. Dass Ihnen die Situation peinlich ist, sollten Sie *nicht* überspielen.

Peinlichkeit als Schutzschild

Dass Sie sich unangenehm berührt zeigen und sich abwenden, ist in einer solchen Situation angemessen. Sie signalisieren den anderen, dass Sie sich in einem Ausnahmezustand befinden. Augenblicklich legt sich ein Schutzmantel um Sie: Nur extrem rücksichtslose Mitmenschen werden Sie noch behelligen. Man wird Sie in Ruhe lassen. Und das brauchen Sie, um wieder auf die Beine zu kommen. Den anderen ist die Situation nicht weniger unangenehm. Sie können die Sache nicht einschätzen und diese Hilflosigkeit macht die Lage für sie peinlich. Aber diesen Zustand müssen sie eben aushalten.

Alles wieder unter Kontrolle?

Sind Sie wieder halbwegs handlungsfähig, dann sollten Sie das Ihre Mitmenschen wissen lassen. Die eleganteste Lösung ist, wenn Sie kurz mit Humor auf Ihr Missgeschick eingehen und dann an die Situation anknüpfen, die durch Ihren Sturz unterbrochen wurde.

Beispiel

„Das Buffet ist eröffnet!", verkündet die Gastgeberin. Der rundliche Herr Binder sagt zu seinem Gesprächspartner, Herrn Neulen: „Na, dann wollen wir uns nicht lange bitten lassen." Schreitet dem Buffet entgegen, übersieht eine Stufe und fällt unsanft hin. Dabei tut er sich am Knie weh und rettet sich mit schmerzverzerrtem Gesicht auf einen Sessel. Herr Neulen erkundigt sich besorgt: „Herr Binder, haben Sie sich verletzt?" Doch der sagt nichts und reibt sich nur sein Knie. Um ihn hat sich ein Kreis gebildet. Niemand geht ans Buffet. Herr Binder sammelt sich und fragt: „Traut sich jetzt keiner mehr? Na gut, dann zweiter Versuch!" Er erhebt sich und humpelt dem Buffet entgegen. Die Gäste schmunzeln.

Eine scherzhafte Bemerkung kann eine solche Situation augenblicklich entspannen. Wer scherzt, der bringt damit zum Ausdruck: Es ist nichts passiert. Zugleich ist dies eine wirksame Methode, sich von dem peinlichen Ereignis, dem Sturz, zu distanzieren.

> Haben Sie ein paar extravagante Ausfallschritte hingelegt und sich wieder gefangen, können Sie mit einer scherzhaften Bemerkung sehr schnell zur Normalität zurückfinden.

Was sollen Sie sagen?

Die scherzhafte Bemerkung muss nicht besonders lustig sein. Tatsächlich wäre es fast ein wenig befremdlich, wenn Sie jetzt einen echten Gag äußern würden. Es geht vielmehr darum, dass Sie Ihren Stolperer oder Ihren Sturz leicht humorig kommentieren: „Ich glaube, das sollte ich noch einmal üben." Oder: „Und nächstes Mal mache ich einen Salto dazu." Oder einfach: „Etwas harte Landung." Sinn und Zweck dieser Bemerkung ist ja nur, die anderen wissen zu lassen, dass Sie sich wieder im Normalzustand befinden. Daher kommt es fast mehr darauf an, *wie* Sie Ihre Worte sagen – nämlich mit einem leichten Schmunzeln –, als was Sie genau sagen.

Magen- und Darmgeräusche

Zu Recht sehr gefürchtet sind die Geräusche, die unser „zweites Gehirn" (wie man unseren Verdauungstrakt auch genannt hat) absondert, denn wir haben mit unserem „ersten Gehirn" so wenig Kontrolle über sie. Und sie sind geeignet, unsere Mitmenschen in hohem Maße zu irritieren.

Wenn sich der Magen meldet

Am harmlosesten sind noch Magengeräusche, aber auch die können ein ernsthaftes Gespräch lahmlegen. Meldet sich Ihr Magen einmal, können Sie noch darüber hinweggehen. Ansonsten hilft es oft, wenn Sie ein Glas Wasser zu sich nehmen.

Bitten Sie also darum oder versorgen Sie sich selbst. Von sich aus sollten Sie nicht unbedingt den tieferen Grund nennen, sondern einfach sagen: „Ich brauche jetzt ein Glas Wasser." Aus einer Gruppe können Sie sich diskret entfernen, um die Magengeräusche in den Griff zu bekommen. Erst wenn Sie darauf angesprochen werden, sollten Sie die anderen wissen lassen, dass Sie Ihren „Magen beruhigen" möchten.

Was tun bei Blähungen?

Leiden Sie unter Blähungen, dann ergibt sich zwangsläufig eine peinliche Situation. Sie können sie nur dadurch entschärfen, dass Sie umgehend das Weite suchen und sich an einem stillen Örtchen Erleichterung verschaffen. Ihren Abgang brauchen Sie nicht näher zu kommentieren. Ein einfaches „Entschuldigen Sie mich bitte!" sollte genügen. Auf „vielsagendes" Geschmunzel oder Geschnüffel Ihres Gegenübers sollten Sie gar nicht erst reagieren. Eine solche Reaktion ist kränkend und einfach unangemessen – zumindest wenn Sie nicht gerade unter Freunden sind. Von Ihnen kann zumindest erwartet werden, dass Sie sich bemühen, das Problem möglichst unauffällig in den Griff zu bekommen.

Beispiel

Herr Grothe führt ein Kundengespräch und wird plötzlich von Blähungen gepeinigt. Er steht auf. „Bitte, entschuldigen Sie mich", lässt er seine Kundin wissen. „Ja, was ist denn los? Warum gehen Sie denn?", fragt diese verständnislos. Offenbar hat sie nichts bemerkt. „Nichts Schlimmes. Ich bin sofort wieder bei Ihnen", versichert Herr Grothe und verlässt den Raum.

Blähungen sind ein Tabuthema. Es ist nicht üblich, gegenüber anderen darüber ein Wort zu verlieren. Auch nicht, wenn sie nachfragen. Erst wenn Ihr Gegenüber den Sachverhalt beim Namen nennt, sollten Sie Stellung beziehen.

Lach- und Hustenanfälle

Im Alltag verlieren wir selten so sehr die Beherrschung, wie wenn wir von einem Husten- oder von einem Lachanfall überwältigt werden. Hier heißt die Devise: Suchen Sie das Weite. Erklärungen müssen Sie nicht abgeben, wenn Sie diese nicht herausbringen. Sie befinden sich in einem Ausnahmezustand. Sogar wenn Sie Ihren Gesprächspartner irritiert zurücklassen, tun Sie das. Es ist allemal besser, als in Gegenwart des anderen die Kontrolle über sich zu verlieren.

Erklärungen können Sie nachliefern

Erst wenn sich Ihr Zustand wieder stabilisiert hat, sollten Sie zu Ihrem Gesprächspartner zurückkehren. Dann können Sie ihm erklären, warum Sie ihn so fluchtartig verlassen mussten. Dabei dürfen Sie für einen Lachanfall eher wenig Verständnis erwarten. Der erweckt den Eindruck, als hätten Sie sich nicht unter Kontrolle. Außerdem schwingt immer der Argwohn mit, dass vielleicht Ihr Gesprächspartner der Anlasse für Ihren Lachanfall gewesen sein könnte. Womöglich ist es also besser, wenn Sie erklären, Ihnen sei plötzlich unwohl geworden – was ja nur halb gelogen ist.

Erwischt Sie ein Lach- oder Hustenanfall bei einem Telefonat, sollten Sie es sehr schnell beenden. Halten Sie sich nicht mit Erklärungen auf, die Sie in einem normalen Zustand viel besser geben können. Im Ernstfall: Legen Sie auf und rufen Sie zurück, wenn sich die Lage normalisiert hat.

Was tun bei Schluckauf?

Ein Schluckauf ist nicht so schlimm wie ein Husten- oder Lachanfall. Sie sollten also nicht fluchtartig das Weite suchen. Und doch ist der Schluckauf eine starke Beeinträchtigung. Ein ernsthaftes Gespräch sollten Sie keinesfalls führen, solange Sie vom Schluckauf geplagt werden. Das wirkt grotesk, Sie machen sich unmöglich. Bitten Sie Ihr Gegenüber, das Gespräch kurz zu unterbrechen. Womöglich müssen Sie es auch abbrechen – wenn Sie den Schluckauf trotz aller Gegenmittel (Luftanhalten und bis zehn zählen, überlegen, was Sie gestern gegessen haben) nicht in den Griff bekommen.

Schlecht riechende Mitmenschen

Es wird allenfalls hinter vorgehaltener Hand darüber gesprochen, aber für viele Menschen gehört es zu den peinlichsten Situationen überhaupt: den Raum mit einem Mitmenschen zu teilen, der nicht gut riecht, ja der regelrecht stinkt. Der

Kern des Problems besteht darin, dass wir unseren Mitmenschen nicht einfach so mitteilen können, dass sie übel riechen. Der Körpergeruch ist etwas sehr Persönliches, ja Intimes. Nur mit Menschen, die uns wirklich vertraut sind, können wir unbefangen darüber reden.

Das unvermeidliche Herumgedruckse

Weil die Sache nicht offen angesprochen werden kann, drucksen wir herum. Körperlich gehen wir auf die Distanz. Manche reiben sich oft die Nase oder atmen durch den Mund. All das erhöht die Peinlichkeit noch – und zwar zunächst einmal nur für uns. Der andere ist meist völlig ahnungslos, spürt nur eine diffuse Ablehnung, die ihn vielleicht verstimmt, aber nicht peinlich berührt. Erst wenn ihm der wahre Grund aufgeht, stürzt er in einen Abgrund von Peinlichkeit. Er *kann* darauf gar nicht unbefangen reagieren. Er muss sich in Grund und Boden schämen. Deshalb sollten Sie nie jemanden direkt damit konfrontieren – schon gar nicht, wenn Dritte anwesend sind.

Vielleicht meinen Sie, erst das Gedruckse mache die Sache peinlich und man sollte dem anderen beherzt zu verstehen geben, dass er nicht gut riecht. Bedenken Sie: Für den anderen gibt es kaum eine schwerere Kränkung und schärfere Ablehnung, als ihn wissen zu lassen: Ich kann Sie nicht riechen.

Körpergerüche

Wir müssen unterscheiden: Es gibt Menschen, die geraten leichter ins Schwitzen, andere sind von Natur aus mit einem nicht sehr angenehmen „Grundaroma" ausgestattet, und wieder andere befinden sich nur ausnahmsweise und vorübergehend in einem Zustand, in dem sie nicht gut riechen – z. B. weil sie in Eile waren oder unter Blähungen leiden (s. S. 66). In solchen Fällen gebietet es das Taktgefühl, über den unangenehmen Geruch, so gut es eben geht, hinwegzusehen. Reißen Sie sich zusammen. Peinliche Situationen zu meistern erfordert eben manchmal ein hohes Maß an Selbstdisziplin. Und trösten Sie sich: Die Beeinträchtigung durch den Geruch ist am Anfang am schlimmsten und lässt dann nach.

Mangelnde Körperpflege

Etwas anders liegt der Fall, wenn es sich um ein dauerhaftes Thema handelt und die geruchlichen Emissionen Ihres Gegenübers ein tolerables Maß überschreiten. Mit einem Wort: wenn der andere einfach stinkt, weil er seine Körperpflege vernachlässigt. Dann ist es geboten, ihn auf dieses Problem diskret aufmerksam zu machen. Dies kann in einem vertraulichen Gespräch mit dem Vorgesetzten geschehen, den Sie darum bitten können. Allerdings sollten Sie das nur tun, wenn Sie ein Mindestmaß an Vertrauen in das Fingerspitzengefühl Ihres Chefs haben. Sonst kann die Aktion auch nach hinten losgehen („Müller, waschen Sie sich mal, Ihr Kollege Schulze hat sich schon bei mir beschwert ...").

Der andere sollte sein Gesicht wahren können

Je nachdem, wie der Fall gelagert ist, bieten sich unterschiedliche Methoden an, den anderen diskret aufzufordern, seine Körperpflege zu intensivieren (oder überhaupt erst für sich zu entdecken). So könnten zwei Kollegen verabreden, in Gegenwart des Betreffenden über einen gemeinsamen „Bekannten" zu sprechen. Das sei ja ein netter Kerl, aber leider nehme er es mit der Körperhygiene nicht so genau ... Der entscheidende Punkt ist: Geben Sie dem anderen eine Chance, seine Körperpflege zu verbessern – ohne dass er sich dazu äußern muss. Das würde für ihn nämlich einen Gesichtsverlust bedeuten. Da stellen sich die meisten lieber stur.

> Ignoriert Ihr Gegenüber jeden diskreten Hinweis auf seinen Geruch, können Sie schon ein wenig deutlicher werden. Handelt es sich um eine erhebliche Beeinträchtigung, sollten Sie das Problem offen ansprechen.

Problemfall Mundgeruch

Das Fatale beim Mundgeruch ist, dass die Betroffenen meist völlig ahnungslos sind. Sie haben es nicht an Zahnpflege fehlen lassen. Es ist keine böse Absicht oder Rücksichtslosigkeit, sie nehmen das Problem gar nicht wahr, weil sie es gar nicht wahrnehmen können. „Eigentlich" wären sie sogar dankbar für einen diskreten Hinweis, denn durch ihren Mundgeruch haben sie ja nur Nachteile. Und doch tun wir uns ungeheuer schwer, den anderen das mitzuteilen. Das scheint sogar ein internationales Problem zu sein. In den USA gibt es einen eigenen Internetdienst, der sich darauf spezialisiert hat, Menschen anonym und diskret darauf hinzuweisen, dass sie etwas gegen ihren Mundgeruch tun sollten.

Manche Menschen behelfen sich damit, dass sie den Betroffenen scharfe Pfefferminzbonbons anbieten. Manchmal klappt es, aber viele verstehen den diskreten Hinweis nicht.

Wird Ihnen ständig „Atemfrei" oder „Fisherman's Friend" unter die Nase gehalten, sollten Sie etwas nachdenklich werden.

Der Trick mit der Zungenbürste

Mundgeruch entsteht häufig nicht durch mangelnde Zahnhygiene, sondern durch Ablagerungen auf der Zunge. Daher können Sie Mundgeruch am wirksamsten bekämpfen, indem Sie Ihre Zunge einmal täglich abbürsten. Dafür gibt es spezielle Zungenbürsten. Diese kann man dem Betreffenden bedenkenlos empfehlen – ganz allgemein, ohne Hinweis auf ein konkretes Problem. Ja, Sie können berichten, wie Sie selbst von dieser praktischen Bürste Gebrauch machen.

Vertraulicher Hinweis

Und doch werden Sie manchmal nicht umhinkönnen, das Problem direkt anzusprechen. Denn der andere weiß ja häufig noch immer nicht, was ihm da anhaftet. In so einem Fall kann ein Gespräch unter vier Augen weiterhelfen, wenn Sie zu demjenigen ein gutes persönliches Verhältnis haben. Machen Sie keine Staatsaffäre aus dem Problem, sondern seien Sie diskret. Ein kleiner Kunstgriff: Sie berichten, wie Sie selbst jemand auf das gleiche Problem angesprochen hat ... Als allerletztes Mittel kann der anonyme wohlmeinende Hinweis in Frage kommen. Sie sollten sich aber darüber im Klaren sein, dass darin schon eine gewisse Demütigung besteht. Niemand hat den Mumm, mir das in Gesicht zu sagen, muss der andere erkennen. Daher ist ein vertrauliches Gespräch fast immer vorzuziehen.

Beruflich bis auf die Knochen blamiert

Die typischen Blamagen im Berufsleben drohen aus zwei Richtungen: Entweder erweisen Sie sich als inkompetent. Oder Ihr Chef, Ihre Kollegen oder Ihre Kunden müssen sich Dinge mit anhören, die definitiv nicht für ihre Ohren bestimmt sind.

Sie kennen sich nicht aus

Wird unsere berufliche Kompetenz in Frage gestellt, empfinden wir das häufig als Bedrohung. Dabei kommt es gar nicht so sehr darauf an, ob wir der Chef sind oder nur ein „kleiner Angestellter". Gelingt es uns nicht, unseren angekratzten Ruf wiederherzustellen, kann das sehr quälend sein und noch lange an unserem Selbstbewusstsein nagen.

Beispiel

 Herr Lüdecke arbeitet in einem Weinfachhandel. Ein Kunde sucht einen „fruchtigen, körperreichen Bordeaux mit nicht so viel Tanninen". Herr Lüdecke greift zu einer Flasche: „Hier, ein Château La Roquette. Das ist etwas ganz Feines. Eine Note von Himbeeren und Kakao." Der Kunde schaut auf die Flasche und erklärt herablassend: „Also, ich kenne den Wein gut. Der ist nun gerade nicht fruchtig." Die Ohren von Herrn Lüdecke färben sich rot.

Ausflüchte machen die Blamage erst perfekt

Es spielt keine Rolle, ob der Chef, unser Kollege oder ein Kunde bei uns die Wissenslücke aufdeckt. Wir wollen nicht als Trottel dastehen. Deshalb arbeiten wir gegen die drohende Blamage an. Manche versuchen noch Eindruck zu schinden, indem sie auf ein Thema umlenken, bei dem sie sich gut auskennen. Andere bemühen sich, ihren Irrtum zu vertuschen, indem sie sich auf ein „Missverständnis" herausreden. Aber solche Manöver machen die Situation erst richtig peinlich.

Beispiel

 Herr Lüdecke versucht sicheren Boden unter die Füße zu bekommen: „Nein, der ist natürlich nicht fruchtig. Habe ich auch nicht gesagt. Aber ein exzellenter Wein. Das habe ich gesagt. Auf der Weinmesse in Bordeaux hat er den dritten Preis gewonnen." – „Aha", bemerkt der Kunde. „Und deshalb versuchen Sie den jetzt allen Ihren Kunden anzudrehen."

Ablenkungsmanöver lassen Sie hilflos und unprofessionell erscheinen. Manche fühlen sich dadurch erst recht herausgefordert, Ihnen so richtig auf den Zahn zu fühlen. Aber auch wenn der andere Sie davonkommen lässt, haben Sie Ihren Ruf eher beschädigt als wiederhergestellt. Der andere will Sie lediglich nicht noch weiter bloßstellen.

Souverän mit den eigenen Wissenslücken umgehen

Natürlich ist es nicht angenehm, wenn man dabei ertappt wird, dass man sich nicht auskennt. Doch muss die Situation deshalb nicht gleich ins Peinliche umschlagen. Anstatt die Wissenslücken zu leugnen, können Sie sich der Tatsache auch stellen. Es wirkt wesentlich souveräner, wenn Sie in solchen Situationen nicht gleich eine Verteidigungshaltung einnehmen, sondern erst einmal versuchen, der Sache auf den Grund zu gehen.

Beispiel

 Herr Lüdecke reagiert auf die Richtigstellung erstaunt: „Ach? Der Château La Roquette ist nicht fruchtig? Ich habe ihn selbst noch nicht probiert, aber ein Kollege hat mir berichtet, dass er eine kräftige Fruchtnote hat." – „Dann hat Ihr Kollege keine Ahnung", bemerkt der Kunde. „Also, ich will meinem Kollegen da nicht zu nahe treten", bemerkt Herr Lüdecke. „Vielleicht habe ich ihn da auch missverstanden."

Wenn der Kunde besser Bescheid weiß als Sie

Versierte Verkäufer wissen ohnehin: Es ist kein Unglück, wenn der Kunde über das Produkt oder die Dienstleistung, die sie anbieten, bestens im Bilde ist. Im Gegenteil, häufig genießt er es, wenn er sich gegenüber dem Verkäufer ein wenig produzieren kann. Nehmen Sie es also gelassen und erkennen Sie seine Kompetenz an. Machen Sie ihm ein aufrichtiges Kompliment – und die Situation ist nicht mehr peinlich. Auf keinen Fall sollten Sie versuchen zu beweisen, dass Sie der Experte sind und nicht er. So etwas verärgert ihn nur.

Kollegen und Chefs stoßen auf Wissenslücken

Auch wenn Ihre Kollegen oder Ihr Vorgesetzter Sie fachlich auf dem falschen Fuß erwischen, vergrößert es die Peinlichkeit, wenn Sie sich aus der Sache herauszuwinden versuchen. Das wird den Ehrgeiz der anderen eher noch beflügeln, Sie nicht davonkommen zu lassen. Und in solchen entwürdigenden Prozeduren sein Nichtwissen und seine Inkompetenz nach und nach auf den Tisch legen zu müssen, ist bei weitem peinlicher als sofort einzuräumen: „Da kenne ich mich nicht aus." Oder: „Das habe ich vergessen."

Sie haben einen Fehler gemacht

Anders liegt der Fall, wenn Sie einem Kunden eine falsche Information gegeben haben und ihm womöglich sogar ein Schaden entstanden ist. Dann geht es darum, der Sache in aller Ruhe auf den Grund zu gehen. Ist das Anliegen des Kunden berechtigt, müssen Sie sich entschuldigen und die Sache wiedergutmachen. Es ist kein Nachteil, wenn der Kunde merkt, dass Ihnen die Angelegenheit peinlich ist. Vielmehr bringen Sie dadurch zum Ausdruck, dass Ihr Versehen Sie stark berührt. Das kann regelrecht entwaffnend wirken – solange Sie sich bemühen, Ihren Fehler wiedergutzumachen.

Haben Sie einen „Bock geschossen"?

„Wer hat das verbockt?!", donnert Ihr Vorgesetzter. Eine peinliche Situation, ohne Frage, wenn Sie dafür verantwortlich sind. Da müssen Sie durch. Am glimpflichsten kommen Sie davon, wenn Sie sich an folgende Faustregeln halten:

So gehen Sie vor
1 Solange sich Ihr Chef austobt, widersprechen Sie ihm nicht, geben Sie knappe Antworten und stellen Sie ansonsten auf Durchzug.
2 Geben Sie Fehler zu und entschuldigen Sie sich.
3 Suchen Sie nach einer Lösung: Was ist jetzt zu tun?

Mit diesem Dreischritt können Sie solche Peinlichkeiten erheblich entschärfen. Denn Sie geben Ihrem Chef erst einmal Gelegenheit, Dampf abzulassen. In der betreffenden Situation ist das zwar nicht sehr angenehm, aber es kommt Ihnen später zugute. Wenn Sie Ihren Fehler einräumen und sich entschuldigen, gibt es zu diesem Thema eigentlich nichts mehr zu bereden. Sie verhindern, dass sich das Gespräch an diesem unangenehmen Punkt festhakt: dass Sie einen Auftrag verschlampt, einen Termin überschritten haben oder irgendetwas anderes angerichtet haben. Schließlich sind Sie ja bemüht, konstruktiv nach einer Lösung zu suchen: Was muss in Zukunft getan werden? Das ist geradezu ein „Killerargument", mit dem Sie verhindern, dass weiter ausführlich über Ihre Fehler gesprochen wird. „Jetzt lassen Sie uns doch mal überlegen, wie wir so etwas in Zukunft verhindern?"

Manche Mitarbeiter haben auch ihre ganz eigenen Ablenkungsstrategien entwickelt. Sie kennen ihren Chef so gut, dass sie wissen, welche Reizwörter sie aussprechen müssen, damit ihr Vorgesetzter plötzlich bei seinem Lieblingsthema ist und sie aus der Schusslinie geraten.

Botschaften für die falschen Ohren

Es handelt sich um eine der schlimmsten Blamagen, die Ihnen zustoßen kann. Und die Folgen können sehr weitreichend sein: zerstörtes Vertrauen, geplatzte Aufträge oder auch blanker Hass. Das Unglück kommt dadurch zustande, dass Sie sich mit jemandem austauschen und ein Dritter zufällig mithört, der diese Unterhaltung nun gerade nicht mit anhören soll. Sie lästern etwa mit einem Kollegen über Ihren Chef, und der wird unfreiwillig Zeuge Ihres Gesprächs. Oder ein Kollege frotzelt Sie an, welchen „ahnungslosen Dummkopf"

Sie gerade „über den Tisch gezogen" haben – und der vermeintliche „Dummkopf", nämlich Ihr Kunde, bekommt diesen eigenartigen Scherz mit.

Hat der andere „nichts gehört"?

Es gibt zwei Varianten. Die ungünstigere: Die Sache fliegt regelrecht auf. Das heißt, Sie entdecken, dass Ihr Vorgesetzter die ganze Zeit zugehört hat, womöglich kreuzen sich Ihre Blicke. Oder Ihr Kollege, über dessen Eigenarten Sie sich gerade lustig gemacht haben, sitzt hinter Ihnen in der Kantine. In solchen Situationen kann keiner sein Gesicht wahren. Der Vorgesetzte kann nicht darüber hinwegsehen, dass Sie über ihn gelästert haben. Denn er weiß ja, dass Sie wissen, dass er alles mitbekommen hat.

Etwas anders liegt der Fall, wenn einem unfreiwilligen Zeugen zumindest noch die Möglichkeit offensteht, so zu tun, als habe er nichts gehört. Kluge Chefs machen sich daher auch immer bemerkbar, bevor sie ein Büro betreten, in dem womöglich über sie gelästert wird.

Denn es ist natürlich so, dass „eigentlich" jeder weiß, dass die Mitarbeiter gerne mal über ihren Vorgesetzten tratschen und dabei gewiss nicht jedes Wort auf die Goldwaage legen. Das Problem ist nur, dass Ihr Chef Ihren Spott nicht ignorieren kann, wenn er ihn ganz offensichtlich mit anhören musste.

> Gleichgültig, wie sich das Opfer einer Lästerei weiter verhalten wird, Sie können eigentlich nur eines tun: den Mund halten. Alle Erklärungen und Rechtfertigung verschlimmern die Blamage nur noch.

Kühlen Kopf bewahren bei Beschwerden

Es gibt einen verwandten Fall, der nicht ganz so peinlich enden muss: Sie sind gerade dabei, einen Kunden zu beraten, da kommt ein anderer Kunde hinzu und fängt an, sich lautstark zu beschweren. Dadurch verbreitet er schlechte Stimmung, womöglich springt Ihnen der erste Kunde ab. Diese peinliche Situation können Sie meistern, wenn Sie im Umgang mit dem Beschwerdeführer die folgenden drei Hinweise beherzigen:

- Weisen Sie die Anschuldigungen zurück: „Ich kann mir nicht vorstellen, dass das stimmt, was Sie da sagen."
- Zeigen Sie sich höflich und kooperativ: „Ich kümmere mich sofort darum." Sie würden bei dem Kunden, den Sie noch gewinnen möchten, keinen guten Eindruck hinterlassen, wenn Sie die Beschwerde einfach ignorierten.
- Trennen Sie die beiden Gespräche und sorgen Sie dafür, dass der Kunde, der sich beschweren möchte, bei Ihrem Kundengespräch nicht zuhören kann. Sonst mischt er sich noch ein.

Sie können sich Achtung und Sympathie erwerben, wenn Sie mit dem Störenfried höflich, aber selbstbewusst umgehen.

Beim Lügen ertappt

Angeblich sagen wir mehrmals am Tag die Unwahrheit, doch wenn das ans Licht kommt, dann sind sogar kleine Lügen peinlich. Denn wer als Lügner dasteht, mit dem ist der Umgang schwierig. Die meisten Situationen setzen voraus, dass wir einander unterstellen, halbwegs bei der Wahrheit zu bleiben. Kommt heraus, dass einer gelogen hat, ist die Situation entgleist (s. S. 22), mit einem Wort: ins Peinliche umgekippt.

Der entlarvte Lügner blamiert sich

Wichtig ist, den Unterschied zu begreifen: Die Situation wird nicht dadurch peinlich, dass jemand nicht ganz bei der Wahrheit bleibt. Häufig lassen wir uns irgendetwas erzählen und machen uns unseren eigenen Reim darauf. Der andere übertreibt, schmückt aus, wertet seine eigene Rolle stark auf, was auch immer. Das ist nicht peinlich, sogar wenn wir durchblicken lassen, dass wir nicht alles für bare Münze nehmen.

Peinlich wird es erst, wenn der eine den anderen nicht mehr für vertrauenswürdig halten kann, weil dieser ganz offensichtlich die Unwahrheit gesagt hat. Darauf lässt sich kein vernünftiges Gespräch mehr aufbauen.

Beispiel

Herr Uhlig erzählt von seiner Reise nach St. Petersburg. „Wenn man Ihnen so zuhört, könnte man denken, Sie wären da aufgewachsen", bemerkt Frau Neves ein wenig spöttisch. „Na ja, und dann waren wir noch in der Eremitage. Also besonders gut gefallen hat mir Tizians Venus mit dem Spiegel", berichtet Herr Uhlig. „Aha", erwidert Frau Neves, „das Gemälde wird doch aber gerade bei einer großen Tizian-Ausstellung in New York gezeigt ..."

So ein Gespräch lässt sich kaum fortsetzen, es ist äußerst peinlich, auch für den, der die Lüge durchschaut. Deshalb verzichten manche darauf, den Lügner wirklich zu entlarven, und belassen es bei einer Andeutung. Das ist taktvoll, denn die Situation lässt sich dadurch noch retten. Daher sollten Sie sich ebenso verhalten, wenn sich in einem Gespräch abzeichnet, dass Ihr Gesprächspartner nicht bei der Wahrheit geblieben ist.

Warum gerade kleine Lügen so peinlich sind

Seltsamerweise sind es gerade die kleinen, dummen, völlig überflüssigen Lügen, die uns besonders tief in den Sumpf der Peinlichkeit hineinziehen. Der Grund: Unser Gesprächspartner rechnet einfach nicht damit, dass wir ihn angelogen haben. Er ist vielleicht nur etwas irritiert und fragt völlig unbefangen weiter nach, bis wir ins Stammeln geraten und kein Zweifel mehr möglich ist, dass wir gelogen haben.

Beispiel

Herr Pepperberg verabschiedet Herrn Lüdecke, mit dessen Firma er gerade ein Projekt abgeschlossen hat. Beide überschütten sich mit Komplimenten, wie gut die Zusammenarbeit geklappt hat. „So etwas erlebt man nicht immer", stellt Herr Lüdecke fest. „Wenn ich da so an Ihre Wettbewerber denke ..." Dadurch ist das Interesse von Herrn Pepperberg geweckt: „Ach! An wen denken Sie da speziell?" Herr Lüdecke windet sich ein wenig und nennt den Namen eines Mitbewerbers. „Die haben ihre besten Tage wohl hinter sich", bemerkt er kennerhaft. „Ach, das ist ja interessant!", entfährt es Herrn Pepperberg. „Mit wem hatten Sie denn zu tun? Mit dem alten Herrn Winkels?" – „Äh, ja, ich glaube schon", stammelt Herr Lüdecke. „Es ist schon ein bisschen her ..."

Durch solche Lügen machen wir uns unmöglich. Unser Gegenüber kann nicht nachvollziehen, wieso wir die Unwahrheit gesagt haben. Unsere Vertrauenswürdigkeit ist dahin.

Bequeme Lügen im Beruf

Beispiel

 Ihr Vorgesetzter fragt Sie, ob Sie einen bestimmten Auftrag schon erledigt haben. Sie sind noch nicht dazu gekommen, haben aber keine Lust, sich von ihm einen Vortrag anzuhören, dass Sie Ihre Arbeit falsch einteilen. Außerdem werden Sie den Auftrag noch rechtzeitig erledigen. Also vereinfachen Sie die Sache und verkünden: „Ja, ja, das habe ich gestern schon weggeschafft." – „Dürfte ich das mal sehen?", fragt Ihr Chef zurück.

Solche Bequemlichkeitslügen sind gerade im Beruf außerordentlich verbreitet. Das ändert nichts daran, dass es peinlich ist, wenn sie auffliegen. Und doch ist es ratsam, die kleine Blamage in Kauf zu nehmen, um eine große abzuwenden.

Verstricken Sie sich nicht in einem Geflecht von Notlügen

Ist Ihr Chef einer Bequemlichkeitslüge auf der Spur, empfiehlt es sich, ohne Umschweife alles zuzugeben. Haben Sie ein gutes Verhältnis zu Ihrem Chef, kann das sogar mit einem gewissen Augenzwinkern geschehen.

Beispiel

 Ihr Chef will den Bericht sehen, den Sie noch nicht geschrieben haben. Sie schauen kurz im Computer nach. „Ach, ich glaube, ich habe den Bericht noch gar nicht geschrieben. Ich habe da was verwechselt. Entschuldigen Sie bitte."

Auch wenn Ihr Chef die kleine Lüge durchschaut, Sie vielleicht auch deswegen rüffelt – der Schaden hält sich in Grenzen. Auf keinen Fall sollten Sie weitere Notlügen hinzudichten in der Meinung, irgendwie kämen Sie da schon raus. Denn je komplizierter die Sache wird, umso eher fliegen Sie auf. Und umso stärker wird der Wunsch, Sie auffliegen zu lassen. Außerdem ist eine kleine Lüge weit eher verzeihlich als ein ganzes Lügengespinst. Damit stellen Sie sich völlig ins Abseits.

Nebelkerzen werfen

Eine bewährte Methode, noch halbwegs unbeschadet aus solchen Situationen herauszukommen: Sie lenken ab, Sie stiften Verwirrung, Sie verursachen irgendein „Missverständnis", das sich nur mit Mühe wieder aufklären lässt. Wohlverstanden: Sie produzieren keine weiteren Lügen, mit denen Sie sich nur noch tiefer in die Blamage hineinreiten. Vielmehr müssen Sie es schaffen, dass das Gespräch in eine neue Spur kommt. Allzu durchsichtig darf das nicht geschehen. Aber es ist immer wieder erstaunlich, mit welch geringen Mitteln es dann doch gelingt, Nebelkerzen zu werfen:

- „Ach, da fällt mir ein ... Habe ich Ihnen eigentlich schon erzählt, dass ..." Und dann präsentieren Sie ein Reizthema, auf das der andere zuverlässig anspringt.

- „Also, das verstehe ich nicht ... Warum ist es eigentlich so, dass ..." Und dann lassen Sie sich irgendeinen komplizierten Sachverhalt erklären, der Sie noch nie interessiert hat, Ihren Gesprächspartner aber auf neue Gedanken bringt. Vergessen Sie nicht, immer wieder einzuhaken.

- „Wollen Sie mir etwa unterstellen, ich hätte ..." Und dann nennen Sie irgendeinen Vorwurf, den Ihnen niemand macht, über den Sie sich aber aufregen dürfen. Und Ihr Gegenüber muss Ihnen versichern, dass niemand daran denkt, Ihnen diese Sache vorzuwerfen.

In drei Schritten aus dem Desaster

Es gibt Situationen, die sind so unsagbar peinlich, dass wir am liebsten im Boden versinken würden.

- Wir befinden uns in einem körperlichen Zustand, in dem wir hilflos sind und uns nicht normal äußern können.
- Wir haben uns böse über jemanden lustig gemacht – er hat alles mit angehört und steht uns nun gegenüber.
- Wir sind bei einer faustdicken Lüge ertappt worden, wir haben das Vertrauen von jemandem missbraucht und ihn hintergangen oder ein Versprechen gebrochen.

In diesen Situationen empfiehlt sich Folgendes:

So gehen Sie vor
1 Sagen Sie jetzt nichts ...
2 Zeigen Sie sich peinlich berührt.
3 Bieten Sie Wiedergutmachung an.

1 Sagen Sie jetzt nichts ...

Was dann? Wie sollen wir solche Situationen „meistern"? Die Antwort ist: Am besten ist es, gar nichts zu sagen. Nicht einmal, wenn uns der andere dazu auffordert, uns anbrüllt, wir sollten doch etwas sagen – wir reagieren nicht, sondern machen innerlich die Schotten dicht. Jede Erklärung, jede Rechtfertigung, sogar jede Entschuldigung würde die Peinlichkeit erhöhen. Denn es gibt in diesem Moment nichts zu erklären. Das heißt nicht, dass Sie später die Sache nicht noch richtigstellen oder um Verständnis bitten könnten. Nur sollten Sie in der betreffenden Situation darauf verzichten.

2 Zeigen Sie sich peinlich berührt

Dass wir uns in solchen Situationen am liebsten verkriechen würden, unsere Schuhspitzen anstarren und überhaupt ein ziemlich jämmerliches Bild abgeben, ist vollkommen angemessen. Wenn wir unter diesen Umständen nicht peinlich berührt wären, dann müssten wir schon sehr abgebrüht sein. Und diesen Eindruck würden auch unsere Mitmenschen von uns bekommen.

3 Bieten Sie Wiedergutmachung an

Erst mit zeitlichem Abstand sollten Sie daran denken, behutsam den Kontakt zu demjenigen wieder aufzubauen, vor dem Sie sich bis auf die Knochen blamiert haben. Der Schock, das Entsetzen und die Enttäuschung sind nicht mehr ganz so frisch. Woran Sie nun denken können: Entschuldigen Sie sich, ohne sich zu rechtfertigen und zeigen Sie eine Geste der Wiedergutmachung, ohne Bedingungen und ohne den Eindruck zu erwecken, Sie wollten sich freikaufen.

Auf einen Blick: Die größeren Peinlichkeiten

- Befinden Sie sich durch ein körperliches Missgeschick, in einem Ausnahmezustand, nehmen Sie sich Zeit, um sich zu sammeln, und zeigen Sie den anderen, wie Sie sich fühlen, indem Sie sich diskret abwenden.

- Treffen Sie auf übel riechende Mitmenschen, geben Sie Ihnen vertraulich Hinweise zur Körperhygiene, etwa, indem Sie das Beispiel eines Dritten nennen oder von sich selbst erzählen. In einer Ausnahmesituation ignorieren Sie den Geruch ganz.

- Werden Sie bei einem Fehler oder einer Wissenslücke ertappt, streiten Sie nichts ab. Dadurch blamieren Sie sich noch mehr. Machen Sie lieber einen konstruktiven Lösungsvorschlag.

- Haben Sie über jemanden hergezogen und dieser hat alles mit angehört, lässt sich die Situation im Moment nicht retten. Nach einiger Zeit können Sie eine Wiedergutmachung anbieten.

- Werden sie der Unwahrheit überführt, verheddern Sie sich nicht in einem Lügengespinst. Bei Flunkereien können Sie sich mit Ablenkungsmanövern behelfen. Bei handfesten Lügen sagen Sie nichts und halten Ihre Scham aus.

Jemand will Sie bloßstellen

Leider können Sie nicht immer darauf vertrauen, dass Ihnen die anderen helfen, aus einer peinlichen Situation herauszukommen. Manchmal ist Ihr Gegenüber gerade daran interessiert, Sie erst richtig in Verlegenheit zu bringen.

Dabei lassen sich drei Methoden unterscheiden, die das folgende Kapitel beschreibt:

- Der andere will Sie mit einer „Bemerkung" in Verlegenheit bringen (S. 88),

- jemand äußert sich hämisch, ja verächtlich über Sie (S. 93) oder

- er stellt Ihnen eine Falle, damit Sie sich blamieren (S. 100).

Unangenehme Bemerkungen

Wenn jemand Sie in Verlegenheit bringen will, dann muss er Sie gar nicht persönlich angreifen. Es genügt, wenn er ein Thema berührt, auf das Sie empfindlich reagieren. Entscheidend dabei: Er muss es auf eine Art und Weise tun, die Sie als völlig unangemessen empfinden. Dann haben Sie nur die Möglichkeit, den anderen zurechtzuweisen oder sich beschämt zu zeigen. Und genau darauf legt es der andere an.

Tabuthemen gesucht

Unangenehme Bemerkungen betreffen Tabuthemen wie Sex, Religion oder Krankheit. Auch wenn Ihnen etwas besonders wichtig ist, kann Ihr Gegenüber das aufgreifen: Ihre Haltung in ethischen oder politischen Fragen, zu Tierversuchen oder der Todesstrafe beispielsweise.

Beispiel

 Mittagessen in der Kantine. Herr Lutz erzählt mit Seitenblick auf seine Kollegin Frau Waldschmidt, die sehr religiös ist, dass „die Klöster ja früher alle Bordelle waren". Frau Waldschmidt stochert schweigend in den Erbsen herum.

Der andere steht drüber

Mit seiner Bemerkung zeigt Ihr Gesprächspartner, dass ihn das betreffende Thema nicht besonders berührt. Er nimmt sich die Freiheit, ohne jeden Respekt darüber zu reden. Dadurch wirkt er abgebrüht und unempfindlich – wie jemand, der selbst nicht in Verlegenheit zu bringen ist. Um den angestrebten Effekt zu erreichen, muss er die Zuhörer allerdings auf seiner Seite wissen – sonst geht die Bemerkung nach hinten los. Er selbst würde von allen anderen als peinlich empfunden werden und sich damit ins Abseits stellen.

Die Keule des „politisch Unkorrekten"

Eine beliebte Methode, um seine geschmacklosen Bemerkungen zu rechtfertigen: Man erklärt sie für „politisch unkorrekt". Damit klopft man sich selbst auf die Schulter und bringt zum Ausdruck: Seht her, ich trau mich was. Das stellt die Verhältnisse natürlich auf den Kopf. Derjenige, der Sie in Verlegenheit bringen, Sie also schädigen will, erklärt sich zum Opfer eines vermeintlichen Tugendterrors. Und genau dieses niederträchtige Manöver können Sie durchkreuzen, indem Sie es einfach beim Namen nennen.

Beispiel

 „Ich weiß, das war jetzt politisch nicht ganz korrekt", ergänzt Herr Lutz schmunzelnd. „Sie benutzen das Argument der Political Correctness doch nur, um ungestraft auf den religiösen Gefühlen der anderen herumtrampeln zu können", erklärt Frau Waldschmidt. „Ist es nicht so?" Herrn Lutz steht der Mund offen.

Können Sie einen Scherz vertragen?

In aller Regel kommen die unangenehmen Bemerkungen als „Scherz" daher. Das liegt einmal daran, dass wir für das, was wir im Scherz sagen, nicht die volle Verantwortung übernehmen. Aber nimmt der Spaßmacher auch für sich in Anspruch, ein respektables Motiv zu verfolgen: Er will die anderen aufheitern, die Lage entkrampfen, Frohsinn verbreiten.

Wenn Sie also auf eine scherzhafte Bemerkung verärgert reagieren, dann erscheinen Sie als Spielverderber. Das ist zumindest das Kalkül desjenigen, der Sie in Verlegenheit bringen möchte. Wer alles so bitter ernst nimmt, der erscheint unsouverän. Was regen Sie sich also auf? Und tatsächlich gewinnen Sie nichts, wenn Sie sich in diese Ecke stellen lassen.

Wie Sie reagieren sollten

Welche Reaktion am sinnvollsten ist, hängt ganz davon ab, wie stark Sie der Bemerkung entgegentreten können oder wollen. Natürlich ist auch ganz entscheidend, wie provozierend und geschmacklos die Bemerkung Ihres Gegenübers war. In diesem Sinne können Sie unter drei Alternativen wählen:

1 das Gesagte ignorieren, auf Durchzug stellen,

2 um Rücksichtnahme bitten,

3 das Manöver entlarven.

Stellen Sie auf Durchzug

Nicht immer kann man sich „auf Augenhöhe" zur Wehr setzen. Vielleicht ist der andere in einer übergeordneten Position, vielleicht dürfen Sie es sich nicht mit ihm verderben. Oder die Bemerkung war zwar ärgerlich, sie ist Ihrem Gegenüber aber eher so herausgerutscht. Dann kann es hilfreich sein, wenn Sie einfach auf Durchzug stellen und die betreffende Bemerkung überhören. Diese Reaktion ist gar nicht so schwach, wie sie vielleicht erscheint. Vor allem unterscheidet sie sich vom peinlich berührten Schweigen, das zeigt, dass wir uns in Grund und Boden schämen. Sie lassen die Bemerkungen gar nicht an sich heran. Sie ignorieren sie schlicht. Reden Sie von anderen Dingen, sprechen Sie einen Dritten auf irgendein anderes Thema an. Werden Sie direkt aufgefordert, zu der Bemerkung Stellung zu nehmen, überhören Sie auch das. Oder Sie erklären ruhig: „Ich habe gerade nicht zugehört."

> Am Anfang mag es schwerfallen, eine peinliche Bemerkung einfach auszublenden. Doch es lässt sich trainieren und mit großem Erfolg einsetzen.

Nehmen Sie es nicht mit Humor

Die nächsthöhere Stufe: Sie gehen nicht über die Bemerkung hinweg, sondern bringen unmissverständlich zum Ausdruck, dass Sie solche Kommentare stören. Das müssen Sie nicht näher begründen. Fordern Sie den anderen höflich auf, seine Bemerkungen zu unterlassen. Über eine solche Bitte kann sich Ihr Gegenüber nur schwer hinwegsetzen. Wer es dennoch tut, erscheint sehr rücksichtslos. Und das wollen die wenigsten. Sicher werden Sie mit einem Kommentar über Ihre „Überempfindlichkeit" und/oder „Humorlosigkeit" rechen können. Aber das lässt sich verkraften.

Lassen Sie sich auf keinen Fall auf eine Diskussion über die Bemerkung ein. Fordert Ihr Gegenüber Sie auf, doch zu sagen, was denn „so schlimm" an seiner Bemerkung sei, blocken Sie die Sache ab. Sie müssen sich nicht dafür rechtfertigen, wenn Ihnen etwas peinlich ist. Bestehen Sie darauf: „Ich möchte einfach, dass Sie sich nicht so abfällig darüber äußern, weil mir das unangenehm ist." Fügen Sie hinzu: „Danke."

Entlarven Sie das Manöver

Die schärfste Gegenreaktion und durchaus geeignet, sich nachhaltig Respekt zu verschaffen: Sie lassen den anderen wissen, dass Sie sein Manöver durchschauen und es missbilligen. Ohne Zweifel erfordert eine solche Gegenwehr etwas Mut. Aber sie ist ein unmissverständliches Signal, dass Sie sich nicht alles gefallen lassen. Daher wird sie ihre Wirkung selten verfehlen. Wenn es Ihnen gelingt, die „witzigen Bemerkungen" auseinanderzunehmen, wird sich der andere in Zukunft fünfmal überlegen, ob er in Ihrer Gegenwart solche „Scherze" riskieren soll.

Beispiel

Mittagessen in der Kantine. Herr Lutz erzählt mit Seitenblick auf Frau Waldschmidt, dass „die Klöster ja früher alle Bordelle waren". Frau Waldschmidt: „Herr Lutz, warum machen Sie eigentlich solche Bemerkungen? Verschafft es Ihnen irgendeine Genugtuung, so was zu sagen, da Sie genau wissen, dass mir das unangenehm ist?" – „Wieso?", verteidigt sich Herr Lutz. „Es war ja nun mal so. Oder wollen Sie das bezweifeln?" – „Herr Lutz", erwidert Frau Waldschmidt, „das werde ich ganz bestimmt nicht mit Ihnen diskutieren, da es Ihnen nur darum geht, mich mit solchen Bemerkungen zu ärgern."

Keine Angst vor bösen Unterstellungen

Im Normalfall unterstellen wir unserem Gegenüber die besten Absichten. Oder zumindest verhalten wir uns so, als würden wir es tun (auch wenn wir insgeheim misstrauisch sind).

Das ist auch sinnvoll, denn es erleichtert den Umgang miteinander ungemein. Die Kehrseite: Wir scheuen uns, dem anderen offiziell böse Absichten zu unterstellen. So etwas wäre auch eine schwere Kränkung. Doch wenn Ihnen gegenüber jemand „Bemerkungen" macht, die Sie verletzen, dann ist es ein exzellentes Gegenmittel, wenn Sie ihn wissen lassen, dass Sie an seinem guten Willen zweifeln. Sie müssen ihm ja nicht die unlauteren Motive auf den Kopf zusagen. Es genügt, wenn Sie Fragen stellen: „Warum sagen Sie das? Wollen Sie etwa ...? Ich muss ja glauben, dass Sie ...?"

> Lassen Sie sich auf keine inhaltliche Diskussion ein. Sie verstricken sich in Themen, die Sie von der eigentlichen Frage abbringen: Warum macht der andere Bemerkungen, die Sie zutiefst verletzen?

Häme und Spott

Es gehört zu den unangenehmsten Erfahrungen überhaupt, wenn jemand seinen Spott und Hohn über uns ausgießt. Wenn uns jemand kritisiert, ja sogar, wenn sich jemand über einen Fehler von uns aufregt, dann lässt sich immer noch darüber reden – und sei es mit einem gewissen zeitlichen Abstand (das ist immer anzuraten, wenn Ihr Gegenüber wütend ist; lassen Sie seine Wut erst einmal verrauchen, ehe Sie ernsthaft über alles sprechen). Ganz anders stellt sich die Sache dar, wenn Ihr Gegenüber hämisch wird. Häme zielt nicht darauf ab, einen Fehler herauszustreichen, zu überlegen, wie es dazu gekommen ist und wie man das in Zukunft vermeiden könnte. Vielmehr sollen Sie ausgelacht werden.

Häme richtet sich immer gegen die Person. Und genau deshalb müssen Sie sich Häme nicht gefallen lassen.

Ihre Reaktionsmöglichkeiten

Vor allem bei Häme ist es sehr hilfreich, wenn Sie über ein
ganzes Register von Reaktionsmöglichkeiten verfügen. Dabei
können Sie die Reaktionen auch miteinander kombinieren –
je nachdem, wie sich die ganze Sache entwickelt.

Lachen Sie einfach darüber

Eine überraschend wirkungsvolle Methode, um eine hämische
Bemerkung einfach an sich abprallen zu lassen: Sie reagieren
nicht etwa gekränkt, sondern lachen darüber. Häme ist ja
oftmals eine Ehrverletzung, die sich als Witz tarnt. Wenn Sie
also ganz entspannt mitlachen, brechen Sie der Häme die
Spitze ab; sie kann Sie nicht mehr verletzen. Denn Sie bringen zum Ausdruck: Die Sache amüsiert mich. Peinlich ist sie
mir gerade nicht. Mit dieser schlichten Reaktion können Sie
schon recht viel Häme unschädlich machen. Auf der anderen
Seite sollten Sie sich auch über ihre Grenzen im Klaren sein:
Ehrverletzende Bemerkungen lassen sich nicht entspannt
weglachen. Ebenso wenig dürfen Sie es hinnehmen, wenn der
andere Sie zu einer Witzfigur stempeln will.

Und schließlich geht die Wirkung völlig nach hinten los,
wenn Sie nicht entspannt, sondern sehr gequält mitlachen. Es
gibt ein unterwürfiges Angstlachen, das einer Kapitulation
gleichkommt und das Sie unter allen Umständen vermeiden

müssen. Ehe Sie also unterwürfig lachen, lachen Sie lieber gar nicht. Ein solches Lachen ist zutiefst entwürdigend.

Stutzen Sie den Spott auf seinen sachlichen Kern zurück

Auslöser für eine hämische Bemerkung ist oftmals ein Fehler, der Ihnen unterlaufen ist. Über den können Sie nicht immer mit einem Lachen hinweggehen – schon gar nicht, wenn sich Ihr Vorgesetzter geäußert hat. In solchen Fällen kann es ratsam sein, die Häme zunächst einmal zu übergehen, den Fehler einzuräumen und in aller Sachlichkeit zu antworten.

Beispiel

 „Das sind ja brandaktuelle Zahlen, die Sie uns hier präsentieren", kommentiert der Vorgesetzte Herr Steinmann. „Beschäftigen Sie ein eigenes Forschungsinstitut, Herr Pfefferle?" – „Oh, entschuldigen Sie bitte", erwidert der so Angesprochene. „Ich habe mich verschrieben. Es heißt natürlich nicht 2011, sondern 2009." – „Ach so", bemerkt Herr Steinmann. „Und ich dachte, Sie können in die Zukunft sehen." – „Nein, ich habe mich nur verschrieben."

Der andere will seine Machtposition ausnutzen, um Sie bloßzustellen. Er übertreibt Ihren Fehler ins Maßlose und breitet ihn genüsslich aus. Wenn Sie den Fehler einräumen, gibt es nichts mehr zu entlarven. Wenn der andere Ihren Fehler aufbläst, können Sie die Luft herauslassen und ganz nüchtern auf die Tatsachen hinweisen.

Solche Situationen sind unangenehm. Sie müssen sie einfach durchstehen. Darin liegt eine oft unterschätzte Stärke. Denn bleiben Sie ruhig und sachlich, beißt sich der andere mit seiner Häme die Zähne aus.

Nehmen Sie die Bemerkung wörtlich

Hämische Sticheleien lassen sich auch dadurch unschädlich machen, dass Sie das Gesagte wörtlich nehmen, also als Kompliment auffassen.

Beispiel

 „Na, haben Sie sich wieder so übergründlich vorbereitet?", fragt ein Kollege Herrn Pfefferle. „Übergründlich ist vielleicht ein bisschen übertrieben", entgegnet der, „aber ich würde doch sagen: ausreichend."

Das Wörtlichnehmen eignet sich vor allem, um die eine oder andere spöttische Bemerkung kurz abzufertigen. Auch wenn der Spötter nur schief grinst und anschließend Klartext redet, haben Sie Ihr Ziel erreicht. Werden Sie jedoch verhöhnt oder verächtlich gemacht, ist diese Reaktion viel zu schwach.

> Manche versuchen, selbst mit Ironie und Sarkasmus auf Spott zu reagieren. Das geht fast immer schrecklich daneben. Sie demontieren sich dadurch nur selbst. Lassen Sie also die Finger davon.

Bestehen Sie auf sachlicher Kritik

Sie können der Häme auch beherzt entgegentreten. Denn Sie müssen es nicht hinnehmen, dass der andere Sie zum Gespött macht. Fordern Sie ihn auf, Klartext zu reden und seinen Tonfall zu ändern. Darauf haben Sie Anspruch – auch gegenüber Ihrem Vorgesetzten. Kritik müssen Sie sich gefallen lassen. Zu einem harschen, auch ungerechten Urteil können Sie Stellung nehmen, zu einer hämischen Bemerkung nicht. Kritik richtet sich erst einmal auf den Sachverhalt. Wird die Kritik persönlich, dann können Sie das thematisieren und sie zurückweisen. Häme kann demgegenüber nie persönlich werden, weil sie es immer schon ist. Auf diesen Unterschied zwischen Häme und Kritik sollten Sie aufmerksam machen, wenn Ihr Gegenüber erklärt, Sie könnten wohl „keine Kritik vertragen". Genau das sollten Sie einfordern: sachliche Kritik.

Sagen Sie die magischen Worte

Wenn der andere Sie mit Häme überschüttet, bringt es wenig, ihn darauf hinzuweisen, dass er sich unangemessen oder niederträchtig verhält. Dadurch verstärken Sie die Häme womöglich noch: „Ach, ich verhalte mich unangemessen, finden Sie? Das ist ja hochinteressant. Sie verbocken unser Projekt, und das Erste, was Ihnen dazu einfällt, das ist, dass ich mich unangemessen verhalte. Erwarten Sie für Ihren Bockmist vielleicht noch eine Bonuszahlung?" Spielen Sie nicht den geprügelten Hund, der um Mitleid winselt. Nehmen Sie Ihren Mut zusammen und sagen Sie die magischen Worte: Ich möchte. Dem kann Ihr Gegenüber nicht viel entgegensetzen.

- „Ich möchte, dass Sie mit diesen hämischen Kommentaren aufhören."
- „Ich möchte, dass Sie diesen hämischen Tonfall ablegen."

So eine Bemerkung steht erst einmal im Raum und muss von Ihrem Gegenüber verarbeitet werden. Auch wenn Sie tatsächlich einiges „verbockt" haben – diesen Satz dürfen Sie immer sagen.

Bleiben Sie betont sachlich

Der entscheidende Ansatzpunkt ist, dass Sie dem anderen den Spaß verderben. Denn Häme bereitet demjenigen, der sie ungestraft über dem anderen ausschüttet, außerordentliches Vergnügen. Er weidet sich daran, wenn sein Opfer peinlich berührt zu Boden starrt. Das gibt ihm ein Gefühl von Macht. Dieses Vergnügen gilt es zu durchkreuzen.

Und das schaffen Sie, indem Sie nicht beschämt reagieren, sondern betont sachlich. Sachlichkeit sichert Ihre Souveränität und wirkt auf den anderen wie eine kalte Dusche: „Mein Bericht hat Ihnen nicht gefallen. Dann lassen Sie uns über die Gründe reden. Aber nicht in diesem Ton."

> Bleibt Ihr Gegenüber hämisch, können Sie sich Verbündete suchen, die diesen „Stil" ebenfalls missbilligen. Oder aber Sie brechen das Gespräch ab. Dazu können Sie durchaus den Raum verlassen und sich so einen eindrucksvollen Abgang verschaffen.

Peinliche Geschichten

Ein wenig anders liegt der Fall, wenn jemand Sie verächtlich machen will, indem er irgendeine peinliche Geschichte über Sie erzählt, irgendein Vorkommnis, in das Sie verwickelt waren und bei dem Sie sich blamiert haben. Womöglich schmückt der Erzähler die Sache noch aus, so dass Sie noch etwas unbeholfener und dümmer dastehen.

Verzichten Sie auf eine Richtigstellung

Solche Erzählungen können außerordentlich quälend sein. Sie spüren das Verlangen, Ihren Ruf zu retten und die Geschichte richtigzustellen. Unser Rat: Widerstehen Sie diesem Drang. Denn Sie machen die ganze Sache dadurch nur noch peinlicher – für die Zuhörer, die meist gar nicht wissen wollen, wie sich die Dinge „wirklich zugetragen haben". Die Angelegenheit ist so schon peinlich genug – allerdings in einem anderen Sinne, als Sie vielleicht meinen. Denn nicht Sie sind es, der den Zuhörern peinlich erscheint, sondern der Erzähler.

Der Erzähler macht sich unmöglich

Es gehört sich einfach nicht, die Blamagen seiner Mitmenschen als heitere Anekdoten zum Besten zu geben. Wer so etwas tut, der stellt sich selbst ins Abseits. Die Zuhörer versuchen vielleicht taktvoll über diese Geschmacklosigkeit hinwegzugehen, indem sie über die Geschichte schmunzeln – aber sie denken sich ihren Teil.

Reagieren Sie gelassen

Sie können die Geschichte souverän ignorieren. Dadurch ersparen Sie sich und den anderen, dass sie erst breitgetreten wird. Sie können aber auch ganz schlicht nachfragen: „Warum haben Sie diese Geschichte jetzt eigentlich erzählt?" Ebenfalls recht souverän wirkt es, wenn Sie lächelnd anmerken: „Und wenn Sie wissen wollen, wie sich die Geschichte *wirklich* abgespielt hat, dann erzähle ich sie Ihnen gerne noch einmal – bei Gelegenheit."

Von den boshaften Blamage-Geschichten zu unterscheiden sind Erzählungen, bei denen es auch um menschliche Schwächen geht, die Sie aber durchaus liebenswert erscheinen lassen. Wer solche Erlebnisse schildert, der will Ihnen nichts Böses. Es wäre geradezu peinlich, dem Erzähler in die Parade zu fahren und die Dinge richtigzustellen. Allenfalls wenn er recht weit von der Wahrheit abweicht, können Sie schmunzelnd andeuten, dass es von dieser Geschichte unterschiedliche Versionen gibt.

Beispiel

 Herr Lichtenau gilt als etwas zerstreut. In geselliger Runde erzählt ein Kollege, dass Herr Lichtenau einmal mit dem Taxi nach Hause fahren musste, weil er vergessen hatte, wo er sein Auto im Parkhaus abgestellt hatte. „Doch, das wusste ich noch ganz genau", erklärt Herr Lichtenau mit einem feinen Lächeln, „ich hatte nur vergessen, dass das mein Auto war."

Ihr Gegenüber stellt Ihnen eine Falle

Es ist schon bitter genug, durch eine unglückliche Verkettung von Umständen in eine peinliche Situation hineinzugeraten: im Freizeitdress an einer festlichen Abendveranstaltung teilzunehmen, unvermittelt aufgefordert zu werden, eine Ansprache zu halten, weil „das ja so ausgemacht" war, oder gar bei einer Lüge ertappt zu werden. Es verschlimmert die Lage jedoch noch, wenn hinter solchen peinlichen Situationen nicht der blinde Zufall steckt, sondern ein nicht sehr wohlmeinender Kollege oder ein Familienmitglied mit einem Hang zur Schadenfreude.

Tief in der Tinte

Meistens dürfen Sie immerhin darauf hoffen, dass sich Ihre Mitmenschen bereit finden, über eine Peinlichkeit hinwegzusehen oder Ihnen sogar herauszuhelfen (→ nächstes Kapitel). Sind Sie jedoch in eine Falle hineingetappt, dann kommen Sie in aller Regel nicht so ungeschoren davon. Der Fallensteller will ja, dass Sie sich so richtig blamieren. Nur deshalb hat er Ihnen die Falle überhaupt gestellt.

Ziehen Sie den Fallensteller mit hinein

Im Grunde brauchen Sie nicht viel anders zu reagieren, als wären Sie zufällig in die Verlegenheit hingeraten. Es gibt nur einen wesentlichen Unterschied: Womöglich können Sie denjenigen, der Ihnen die Falle gestellt hat, mit in die peinliche Situation hineinziehen. Und das sollten Sie auch tun.

Bleiben Sie amüsiert

Erscheinen Sie unpassend gekleidet auf einer Veranstaltung, weil Sie der Fallensteller „versehentlich" falsch informiert hat, können Sie auf dem Absatz kehrtmachen. Wenn Sie jedoch bleiben, können Sie jedem die „lustige Geschichte" erzählen, dass der Gastgeber Sie „reingelegt" hat. Selbstverständlich zeigen Sie sich darüber nicht verärgert, sondern belustigt – auch wenn Sie dem anderen am liebsten den Hals umdrehen würden. Nur so bleiben Sie nämlich souverän.

> Fassen Sie Fallen sportlich auf. Und halten Sie sich ansonsten an das Motto des ehemaligen US-Präsidenten John F. Kennedy: „Vergib deinen Feinden, aber vergiss niemals ihre Namen."

Entlarven Sie den Entlarver

Heikle Situation: Sie müssen zugeben, dass Sie nicht die Wahrheit gesagt haben. Aber hat der andere Ihnen eine Falle gestellt, dann wird Ihre Blamage zumindest etwas dadurch gemildert, dass dieser auch mit drinhängt – als derjenige, der genau das beabsichtigt hat: Sie zum Lügner zu machen. So etwas tut man nämlich nicht. Solange es sich nicht gerade um eine dramatische Lüge handelt, können Sie leutselig feststellen: „Das haben Sie aber geschickt eingefädelt. Da bin ich Ihnen doch glatt auf den Leim gegangen."

Auf einen Blick: Jemand will Sie bloßstellen
• Dumme Bemerkungen anderer ignorieren Sie tunlichst. Hat sich jemand sehr verletzend geäußert, verbitten Sie sich solche Anmerkungen ohne Begründung.
• Kritik müssen Sie ertragen, Häme nicht, denn Häme richtet sich immer gegen Ihre Person. Begegnen Sie mildem Spott mit Humor. Wird es böse, sagen Sie: „Ich möchte, dass Sie diesen hämischen Tonfall ablegen."
• Stellt Ihnen jemand eine Falle, versuchen Sie den Fallensteller in die peinliche Lage mit hineinzuziehen.

Anderen aus peinlichen Situationen heraushelfen

Darin zeigt sich die hohe Kunst des Taktgefühls: wenn jemand in einer peinlichen Situation steckt, dafür zu sorgen, dass er unbeschadet wieder herauskommt. Dabei ist diese Kunst nicht vollkommen uneigennützig. Denn auch Sie haben etwas davon, wenn Sie zu einem normalen Gespräch zurückfinden und Ihr Gegenüber nicht verlegen den Boden anstarrt.

In diesem Kapitel lesen Sie,

- wie Sie anderen durch kleine Ablenkungsmanöver aus der Patsche helfen (S. 106),
- wann Humor eine peinliche Situation entschärfen kann (S. 111) und
- wie Sie jemandem eine „goldene Brücke" bauen, damit er aus einer Verlegenheit herausfindet (S. 115).

Ein Gespür für Peinlichkeiten

Eigentlich ist es ganz selbstverständlich: Wer anderen aus einer peinlichen Situation heraushelfen will, der muss überhaupt erst einmal bemerken, was in ihnen vorgeht. Doch daran hapert es manchmal. Und das liegt nicht allein am fehlenden Einfühlungsvermögen, sondern auch daran, dass die anderen ja meist zu überspielen versuchen, wie peinlich ihnen die Sache ist.

Je besser ihnen das gelingt, umso ahnungsloser sind wir. Und umso größer ist die Gefahr, dass wir sie unabsichtlich noch tiefer hineinreiten in den Treibsand der Peinlichkeit. Bemerken wir die Peinlichkeit erst, wenn sich der andere überstürzt von uns verabschiedet, kommt unsere Einsicht zu spät.

Was ist den anderen peinlich?

Die meisten gehen bei der Beurteilung einer Situation davon aus, was sie selbst als peinlich empfinden. Das kann jedoch in die Irre führen. Manchen ist es peinlich, wenn sie über Geld sprechen müssen, andere scheinen das regelrecht zu genießen. Manche geraten in Verlegenheit, wenn bei einem Small Talk persönliche Fragen angeschnitten werden, andere finden gerade das „nett"; sie können überhaupt nicht verstehen, wieso einem „so etwas" peinlich sein kann.

Es ist natürlich so, dass nicht unser eigenes Empfinden maßgeblich ist, sondern das der anderen. *Denen* ist ja irgendetwas peinlich. Und da tröstet es sie nicht, dass Sie der Ansicht sind, ihnen „müsse" das gar nicht peinlich sein.

Die subtilen Signale

Um wirksam gegenzusteuern, müssen wir bereits erkennen können, wann der andere am Rande der Peinlichkeit entlang balanciert. Dann können wir ihn auf sicheren Grund zurückleiten, wo er wieder festen Boden unter die Füße bekommt. Dass jemand gerade versucht, eine peinliche Situation zu vermeiden, lässt sich an unauffälligen Signalen ablesen:

- übertriebene Reaktionen wie zu lautes Lachen, zu heftiges Nicken, durch die Haare fahren,
- fahrige Gesten wie Hände aneinander reiben, Kopfwackeln, Füße hinter das Stuhlbein klemmen,
- unmotiviertes Lachen, Lächeln oder Grinsen – die Verlegenheitsgeste schlechthin,
- umherirrender Blick,
- Stocken im Gespräch, abgebrochene Sätze,
- ausweichende Antworten, umständliche Formulierungen,
- ängstliches „Sekundengesicht": Nur für einen Wimpernschlag ist es sichtbar, bevor die neue Maske der Selbstsicherheit aufgesetzt wird.

Sie sollten hellhörig werden

Solche Signale sind Indizien dafür, dass Ihr Gesprächspartner sich auf eine peinliche Situation zubewegt. Das muss keineswegs so sein; aber wenn Sie diese Gesten registrieren, sollten Sie hellhörig sein: Habe ich ein Thema angeschnitten, das dem anderen unangenehm ist? Befürchtet er, sich lächerlich zu machen? Steckt ein mir unbekanntes Problem dahinter?

> Gerade wenn wir uns keinen Reim auf die Reaktion unseres Gegenübers machen können, werden wir von einer überbordenden Neugier gepackt: Warum reagiert der nur so? Wir würden der Sache zu gerne auf den Grund gehen. Das ist verständlich, taktvoll ist es nicht. Also, ersparen Sie Ihrem Gesprächspartner die Peinlichkeit.

Willkommene Ablenkungsmanöver

Eine der wirksamsten Methoden, jemandem aus einer peinlichen Situation herauszuhelfen: Sie starten ein Ablenkungsmanöver. In seiner einfachsten Form heißt das: Sie wechseln das Thema. Doch ganz so einfach ist das nun auch wieder nicht. Denn ein allzu abrupter, demonstrativer Themenwechsel kann die Situation erst recht peinlich werden lassen. Warum das? Weil der Eindruck entsteht, als müssten Sie jetzt ganz schnell von dieser schrecklichen Angelegenheit wegkommen. Anders gesagt, in einem unvermittelten Themenwechsel liegt auch eine Unterstellung. Und genau dadurch könnte sich Ihr Gegenüber getroffen fühlen.

Beispiel

 Frau Hohnelt erzählt von ihrem dreiwöchigen Urlaub in der Karibik. „Und wo haben Sie die Ferien verbracht?", erkundigt sie sich freundlich bei ihrer Arbeitskollegin. „Na ja", erwidert die zögernd, „wir waren ein paar Tage im Sauerland." – „Ah", sagt Frau Hohnelt, „wie kommen Sie übrigens mit dem neuen Computerprogramm klar?"

Solch ein gut gemeinter Themenwechsel kann aber wirken wie eine Ohrfeige. Denn die Botschaft lautet: Dass Sie Ihre Ferien im Sauerland verbringen mussten, ist so peinlich. Ich kann Ihnen nicht zumuten, darüber zu sprechen, Sie armes Würstchen.

Der gelungene Themenwechsel

Wenn Sie das Thema wechseln, dann sollte sich das aus der Logik des Gesprächs ergeben. Nur so helfen Sie dem anderen, sein Gesicht zu wahren. Doch worin besteht die „Logik des Gesprächs"? Themenwechsel sind ja durchaus keine Seltenheit, vor allem bei einem Small Talk springen wir immer wieder von Thema zu Thema, ohne dass wir einer Peinlichkeit ausweichen.

Der richtige Zeitpunkt

Das heißt aber nicht, dass wir jederzeit wechseln dürfen. Hängt ein Thema noch „in der Luft" wie bei unserem Beispiel der Urlaub im Sauerland, dann dürfen wir nicht unvermittelt von etwas anderem anfangen. Sie müssen vorher irgendwie das Thema abschließen. Damit ist natürlich nicht gemeint, dass es erschöpfend behandelt werden muss. Es ist viel simpler, Sie brauchen einen Satz, mit dem Sie Ihrem Gesprächspartner deutlich machen: Von meiner Seite war es das. Das kann eine so schlichte Äußerung sein wie: „Na ja, jetzt habe ich die ganze Zeit von meinem Urlaub geredet." Auch sehr verbreitet sind zusammenfassende Statements wie: „Also, es war abenteuerlich." Oder Sie schließen umgekehrt die Erzählung Ihres Gesprächspartners ab mit der Bemerkung: „Ah ja, das ist ja interessant, was Sie da erzählt haben." Jetzt kann ein neues Thema angeschlagen werden.

Der passende Gesprächsgegenstand

Im Idealfall gleiten Sie zum nächsten Thema hinüber, ohne dass man dies als „Schnitt" empfindet. Das gelingt Ihnen am besten, wenn es eine Verbindung zu dem neuen Thema gibt. Diese Verbindung kann sehr assoziativ sein. Der entscheidende Punkt: Es sollte für die anderen nachvollziehbar sein, wie Sie vom alten zum neuen Thema gelangen. Bei unserem Beispiel war der Übergang vom Thema Urlaub zum neuen Computerprogramm nicht nachvollziehbar. Das wirkt plump. Unter Umständen müssen Sie etwas nachhelfen, indem Sie Ihre Gedankenverbindung den anderen mitteilen: „Bei der Karibik muss ich an Rum denken. Und da muss ich Ihnen eine Geschichte erzählen, die mir neulich passiert ist ..."

Je natürlicher Sie zum neuen Thema wechseln, desto angenehmer für Ihren Gesprächspartner. Auf der anderen Seite brauchen Sie keine überzogenen Erwartungen an sich selbst zu stellen. Dem anderen ist ja schon geholfen, wenn Sie überhaupt von dem peinlichen Thema wegkommen.

So kann der andere sich wieder fangen

Ein weit verbreiteter Fehler, den Menschen begehen, die es eigentlich ganz besonders gut mit Ihrem Gesprächspartner meinen, der in Verlegenheit geraten ist: Sie erklären ihm, dass die betreffende Sache gar nicht so schlimm sei. Ja, dass die Angelegenheit ihm „gar nicht peinlich sein müsse, weil ..." – und dann folgt eine Trost spendende Geschichte über einen Bekannten, dem „so etwas" auch schon einmal passiert ist. Was ist daran falsch? Wenn jemand schon in Verlegenheit geraten ist oder am Rande der Peinlichkeit balanciert, dann tröstet es ihn wenig, dass andere einen so viel entspannteren Umgang mit dem Thema pflegen. Im Gegenteil, das verschlimmert seine Lage noch.

In welchem Zustand befindet sich Ihr Gegenüber?

Im ersten Kapitel haben wir es schon angesprochen: Wem etwas peinlich ist, der befindet sich in einem Ausnahmezustand. Seine Gedanken sind blockiert, er steht unter Stress. Er braucht Zeit, um sich zu fangen. In so einem Fall ist auch nicht viel damit gewonnen, wenn Sie ihm ein neues Thema servieren. Er ist womöglich gar nicht in der Lage, den Ball zurückzuspielen, den Sie ihm da zuwerfen. Stattdessen sollten Sie ihn sich erst einmal sammeln lassen. Mit anderen Worten: Lassen Sie ihn einfach in Ruhe.

- Richten Sie das Wort an einen Dritten, womöglich in einer ganz anderen Angelegenheit – aber ohne sich völlig von Ihrem peinlich berührten Gesprächspartner abzuwenden. Er kann sich in das Gespräch einschalten, wenn er sich wieder gefangen hat.

- Erzählen Sie eine Geschichte, die der andere nur abzunicken braucht. Irgendein harmloses Erlebnis, das in einer losen Verbindung zum bisherigen Gesprächsgegenstand steht.

- Ermöglichen Sie dem anderen einen geordneten Rückzug. In manchen Fällen wird sich Ihr Gegenüber nicht wieder fangen. Dann sollten Sie ihn auch ziehen lassen.

Sie können das Gespräch auch kurz unterbrechen, zum Beispiel, weil Sie einen Bekannten begrüßen müssen. Wichtig ist hierbei, deutlich zu signalisieren, dass Sie sich Ihrem Gesprächspartner gleich wieder zuwenden. Vorteilhaft ist, dass Sie nach der Unterbrechung gleich einen eleganten Themenwechsel vornehmen können („Das war Frau Nelles, eine Kundin von uns. Die hatte kürzlich einen Sportunfall …").

Den anderen aus der Schusslinie nehmen

Um jemandem aus einer peinlichen Situation herauszuhelfen, müssen Sie gar nicht direkt daran beteiligt sein. Sie können auch vom Rand her eingreifen, ja, sich von außen einmischen, um der Situation eine neue Wendung zu geben.

Beispiel

Das Ehepaar Gellert auf einer Party. Frau Gellert gibt einige private Anekdoten zum Besten, die Herrn Gellert unendlich peinlich sind. Da ergreift Frau Jensen das Wort: „Frau Gellert, Sie haben gerade erwähnt, dass Sie einen Jack-Russell-Terrier haben. Haben Sie den beim Züchter gekauft?"

Sie können sich an den Verursacher der Peinlichkeit wenden und ihn auf neue Gedanken bringen, Sie können aber auch den Betroffenen selbst in eine neue Situation verwickeln, die dann hoffentlich angenehmer für ihn ist.

Beispiel

Frau Becker ist Verkäuferin. Ein Kunde beschwert sich lautstark und sehr aufdringlich bei ihr. Sie ist mit der Situation völlig überfordert. Eine andere Kundin wendet sich freundlich an Frau Becker: „Entschuldigen Sie, ich bräuchte eben Ihre Hilfe." –

„Selbstverständlich", erwidert Frau Becker und lässt den rücksichtslosen Kunden einfach stehen.

Als Außenstehender können Sie die Situation völlig umkrempeln und damit dem Opfer häufig am besten helfen. Wenn Sie hingegen von außen Partei ergreifen, kann das manchmal die Lage noch verschlimmern. Entweder geraten Sie selbst in die Schusslinie oder das Opfer muss später für diese Unannehmlichkeit büßen.

Humorvoll reagieren

Humor ist ein ausgezeichnetes Mittel, um die Situation zu entkrampfen. Vor allem, wenn es darum geht, kleine Peinlichkeiten zu entschärfen, gelingt das mit Humor einfach und schnell. Dabei gilt hier in noch höherem Maße als bei den eigenen kleinen Peinlichkeiten (s. S. 33 ff.): Es sind keine Scherze oder Gags gefragt, sondern augenzwinkernde Bemerkungen, die dem anderen signalisieren: alles nicht so schlimm.

Beispiel

 Nach einer Besprechung verabschiedet sich Frau Reichel von ihrem Geschäftskunden, Herrn Munzert. Der geht auf eine Glastür zu, versucht sie zu öffnen, was ihm nicht gelingt. Er rüttelt schon in leichter Panik am Türgriff herum, da kommt ihm Frau Reichel zu Hilfe. „Warten Sie", ruft sie. „Unsere Tür!" Herr Munzert lässt den Griff los. „Was ist denn damit?" – „Wissen Sie, es gibt da einen kleinen Trick", erklärt Frau Reichel augenzwinkernd und drückt einfach gegen die Tür, die sich mühelos öffnen lässt. „Man darf nicht ziehen, man muss drücken. Ich bringe das auch immer durcheinander."

Der ganze Scherz besteht darin, dass Frau Reichel nicht einfach sagt, wie die Tür aufgeht, sondern dass sie ihren Hinweis als „kleinen Trick" bezeichnet. Das ist er natürlich nicht, sondern die naheliegendste Lösung des Problems. Indem sie diese zum „kleinen Trick" erklärt, signalisiert sie Herrn Munzert, dass er die Angelegenheit nicht allzu ernst nehmen soll.

> Mehr als ein wenig leiser Humor ist in peinlichen Situationen gar nicht angebracht. Das könnte sogar für Irritationen sorgen.

Den anderen nicht verschaukeln

Wenn Sie die Situation allzu sehr in Komische ziehen, besteht die Gefahr, dass der andere meint, Sie würden sich über ihn lustig machen. Das verschlimmert die Sache natürlich beträchtlich.

Beispiel

 Frau Reichel eilt Herrn Munzert zu Hilfe. „Was ist denn mit der Tür?", fragt der ratlos. „Tja, Herr Munzert", sagt Frau Reichel gut gelaunt, „das ist eben keine gewöhnliche Tür. Das ist unser Bürosafe. Und ich erkläre Ihnen jetzt mal, wie wir den aufbekommen." Frau Reichel tut so, als würde sie an Zahlenrädern drehen, horcht, nickt lächelnd und öffnet die Tür: „Voilà, Herr Munzert. Der Weg zur Schatzkammer ist frei." Herr Munzert lächelt gequält. „Danke."

Denken Sie daran: Wer sich in einer peinlichen Situation befindet, der ist nicht gerade zu Scherzen aufgelegt. Vielmehr ist er verunsichert und in seinem Denken blockiert. Das erschwert es ihm einzuschätzen, wie Sie eine witzige Bemerkung meinen. Für ihn ist die Situation womöglich schon entgleist (s. S. 22). Er bräuchte eigentlich sicheren Grund unter den Füßen. Wenn Sie mit einem mehrdeutigen Scherz seine Unsicherheit noch verstärken, fühlt er sich verschaukelt.

Beispiel

 Bei der Begrüßung eines Kunden rutscht Herr Oschatz aus und landet auf dem Hinterteil. Ihm ist nichts passiert, er steht sofort wieder auf, seine Ohren färben sich rot. „Na, aber das nächste Mal machen Sie bitte einen Salto dazu", erklärt sein Kunde schmunzelnd. Herr Oschatz wirft ihm einen irritierten Blick zu.

Hätte Herr Oschatz selbst diese Bemerkung gemacht, wäre die Situation bereinigt gewesen. So bleibt zumindest das ungute Gefühl, dass sich der Kunde über Herrn Oschatz lustig macht. Unterlassen Sie unbedingt solche missverständlichen Scherze. Für den anderen wird die Situation dadurch nur noch peinlicher.

Die Prise Selbstironie

Derjenige, der in der peinlichen Situation steckt, darf nicht noch zusätzlich verunsichert werden. Daher ist es weniger ratsam, den anderen auf die Schippe zu nehmen als vielmehr sich selbst. Immerhin geht es ja darum, dass der andere sein Gesicht wahren kann und ihm die Gewissheit gegeben wird, seine Blamage in Grenzen zu halten. Und doch sollte man auch mit der Selbstironie eher sparsam umgehen. Wenn Sie sich allzu sehr über sich selbst lustig machen, wirkt das wiederum irritierend. Ihr Gegenüber fragt sich: Was will er mir damit sagen? Gefällt er sich in dieser Rolle? Meint er womöglich das Gegenteil? Überhaupt ist es gar nicht einfach, mit jemandem ein Gespräch zu führen, der ständig selbstironisch ist. Und um wie viel schwieriger ist das, wenn man in einer peinlichen Situation steckt.

Dezent, doch eindeutig

Das Einzige, was Sie erreichen wollen: Ihrem Gegenüber zu verstehen geben, dass die Lage gar nicht so schlimm ist, dass Sie ihm einen Fehler nicht übel nehmen oder über eine Blamage hinwegsehen. Die Prise Selbstironie können Sie auf zwei Arten ins Spiel bringen:

- Sie machen sich ein wenig über sich selbst lustig. Damit signalisieren Sie, dass Sie sich nicht so wichtig nehmen. Das bietet sich an, wenn Ihr Gegenüber Sie unabsichtlich gekränkt hat oder Ihren Namen vergessen hat.

- Sie deuten dezent an, dass Ihnen so etwas Ähnliches auch schon einmal passiert ist. Womöglich ist es Ihnen sogar noch schlimmer ergangen. Dass Sie so humorig darüber sprechen, entlastet Ihren Gesprächspartner.

> Vorsicht, wenn Sie von einem ähnlichen Erlebnis berichten: Bezeichnen Sie den Vorfall bloß nicht als „Blamage" oder sich selbst als „Trottel". Sonst wird Ihr Gegenüber geneigt sein, das auf sich zu beziehen.

Beispiel

 Herrn Leonhard rutscht in Gegenwart des wohlgenährten Herrn Wilberding das Wort „Dickwanst" heraus. Herrn Leonhard ist das unsagbar peinlich. „Hören Sie, Herr Leonhard", poltert Herr Wilberding mit gespielter Entrüstung, „so nennt mich sonst nur meine Frau." Und schmunzelnd fügt er hinzu: „Und natürlich meine Mitarbeiter – hinter meinem Rücken."

Sich nicht zum Clown machen

Die Selbstironie muss immer auf die peinliche Situation bezogen bleiben. Hier soll sie Entlastung bringen und die Lage wieder normalisieren. Keinesfalls dürfen Sie sich zur Witzfigur machen lassen. Daher ist Selbstironie nie im Übermaß zu gebrauchen. So soll die selbstironische Bemerkung von Herrn Wilberding ausschließlich Herrn Leonhard aus seiner Peinlichkeit erlösen und wieder in ein normales Gespräch hineinführen. Würde der hingegen anfangen, sich über den korpulenten Herrn Wilberding zu mokieren, wäre das nicht mehr lustig, sondern einfach unverschämt. Und Herr Wilberding müsste sich dagegen zur Wehr setzen.

Goldene Brücken bauen

Eine elegante und souveräne Methode, die gerade für die schweren Fälle geeignet ist, wenn Ihr Gegenüber von allein nicht mehr auf die Beine kommt: Sie bauen ihm sozusagen eine „goldene Brücke", die er nur zu beschreiten braucht, um aus der Verlegenheit herauszukommen. Sie treffen beispielsweise eine Feststellung, die den anderen in einem äußerst günstigen Licht erscheinen lässt.

Beispiel

 Eine große Abendveranstaltung. Herr Lüdecke unterhält sich mit einer höhergestellten Kollegin. Das Gespräch verläuft recht zäh,

Herr Lüdecke verabschiedet sich: „Ich muss nach Hause, meine Eltern kommen nachher noch zu Besuch." Unter großem Bedauern lässt die Kollegin Herrn Lüdecke ziehen – und trifft ihn drei Stunden später an der Bar wieder. Herr Lüdecke ist völlig perplex. „Ach, haben Sie Ihre Eltern noch erreicht und sie gebeten, später zu kommen?", fragt die Kollegin ruhig.

Hier macht der Ton die Musik. Klingen solche schmeichelhaften Unterstellungen ironisch, glaubt der andere, Sie wollten sich über ihn lustig machen. Auf der anderen Seite kann er keine großen Ansprüche stellen. Er muss ja dankbar sein, wenn Sie ihn davonkommen lassen. Meist ist es auch gar nicht so schlecht, wenn dem anderen klar ist, dass Sie so ganz ernsthaft an Ihre Erklärung gar nicht glauben.

Nicht jeder hat es allerdings verdient, dass Sie ihm eine goldene Brücke bauen. Auch geht manchen Menschen das Gespür dafür ab, eine solche Brücke diskret zu nutzen.

Die taktvolle Ahnungslosigkeit

Eng verwandt mit dem Bau der goldenen Brücke ist das taktvolle Ignorieren peinlicher Vorfälle. Sie geben dem anderen zu verstehen: Das, was Ihnen da unterlaufen ist, habe ich überhaupt nicht bemerkt. Das kann sich schon gestisch und mimisch ausdrücken. Werden Sie unfreiwillig Zeuge eines Gesprächs, das Sie nicht mithören sollen, wenden Sie sich demonstrativ ab und machen sich durch Hüsteln bemerkbar.

Die taktvolle Ahnungslosigkeit kann auch bei anderen Gelegenheiten nützlich sein: etwa wenn sich jemand als inkompetent erweist und Sie ihm Gelegenheit geben wollen, sein

Gesicht zu wahren. Wohlverstanden: Es geht nicht darum, Unfähigkeit zu vertuschen, sondern eine Blamage abzuwenden, von der niemand einen Vorteil hätte.

Beispiel

> Herr Küpper ist Geschäftsführer einer kleinen Firma in Köln. Er hat seine Kunden zu einer Veranstaltung eingeladen und lässt es sich nicht nehmen, auf einer Stadtrundfahrt „sein Köln" zu zeigen. Geschichtlich ist Herr Küpper nicht gerade sattelfest und wirft die Epochen und Baustile wild durcheinander. Keiner seiner Gäste wird ihn auf irgendeine Unstimmigkeit hinweisen, auch wenn sich promovierte Historiker unter ihnen befinden.

Entlastung bei einer Entschuldigung

Die taktvolle Ahnungslosigkeit kann auch am Platz sein, wenn sich jemand für irgendein peinliches Vorkommnis entschuldigt. Dass er sich entschuldigt, ist als Geste wichtig. Aber gerade deshalb können Sie ihm entgegenkommen, indem Sie bemerken: „Mir ist das gar nicht aufgefallen."

Umgang mit einem ertappten Lügner

Niemand mag es, belogen zu werden. Daher reagieren wir häufig empfindlich, wenn sich abzeichnet, dass uns jemand etwas vormacht. Wir möchten den Schwindler, Aufschneider und Lügner nur allzu gerne auffliegen lassen. Dagegen ist auch gar nichts zu sagen. Nur gilt es die Verhältnismäßigkeit zu wahren. Es macht einen ganz schlechten Eindruck, wenn Sie jemanden in die Enge treiben, der nur ein wenig geflunkert hat, noch dazu in einer Angelegenheit, die niemandem wirklich schadet.

Lassen Sie durchblicken, dass Sie Bescheid wissen

Es kommt sehr auf die jeweilige Situation an und auf den Menschen, mit dem Sie es zu tun haben. Demonstrative Ahnungslosigkeit ist nicht gerade das, was Sie Ihrem Gegenüber zeigen sollten. Es wirkt wesentlich souveräner, wenn Sie andeuten, dass Sie sehr wohl „Bescheid wissen" oder zumindest etwas ahnen, aber nicht weiter nachbohren, damit der andere sein Gesicht wahren kann. Eine Möglichkeit, so zu verfahren, besteht darin, dass Sie sich über die betreffende Sache „wundern" und dann das Thema wechseln. Gehen Sie davon aus, dass Ihr Gegenüber das schon verstanden hat.

Will Sie der andere jedoch für dumm verkaufen und tischt Ihnen weitere Märchen auf, dann sollten Sie deutlich machen, dass Sie ihm nicht auf den Leim gehen.

Auf einen Blick: Anderen aus der Peinlichkeit helfen

- Erspüren Sie bei Ihren Mitmenschen subtile Signale, die auf Peinlichkeit hindeuten.

- Helfen Sie anderen durch Ablenkungsmanöver wie (nicht zu abrupte) Themenwechsel aus einer Verlegenheit.

- Eine Prise (!) Selbstironie entkrampft manche Situation.

- Bauen Sie einem peinlich Berührten „goldene Brücken" oder geben Sie sich taktvoll ahnungslos.

Test: Welcher Peinlichkeitstyp sind Sie?

Menschen gehen sehr unterschiedlich mit peinlichen Situationen um. Mit unserem kleinen Test möchten wir Ihnen einen Anhaltspunkt geben, Ihr eigenes Verhalten zu erkennen und darüber nachzudenken.

Situation 1

Bei einer Abendveranstaltung begrüßen Sie eine Gruppe von Bekannten. Einer weist Sie gleich grinsend darauf hin: „Übrigens, Sie haben da einen Fleck auf der Hose." Ihre Reaktion?

A) „Natürlich. Und hinten habe ich auch noch zwei."

C) „Ja, danke. Den habe ich mir vorhin am Buffet zugezogen."

D) „Oh, wie peinlich. Entschuldigen Sie bitte."

B) „Den habe ich schon bemerkt. Aber hätte ich deshalb nach Hause gehen sollen?"

Situation 2

Bei der Begrüßung fällt Ihrem Gesprächspartner offensichtlich nicht Ihr Name ein. Das versucht er etwas unbeholfen zu überspielen. Was sagen Sie?

D) Ich sage gar nichts dazu.

A) „Mein Name ist Monika Mustermann. Aber trösten Sie sich: Ich habe Ihren Namen auch vergessen."

B) „Sie kennen meinen Namen bestimmt nicht mehr. Ich heiße Monika Mustermann. Ist auch nicht so wichtig."

C) Sie erzählen von einem Erlebnis, in dem ein Satz vorkommt wie: „Und dann sagt doch dieser Mensch zu mir: Frau Mustermann, das geht so nicht ..."

Situation 3

Auf einer Grillparty unterhalten Sie sich angeregt mit einer Bekannten. Allerdings fühlen Sie sich gestört durch einen anderen Gast, der recht aufdringlich zu Ihnen herüberschaut. „Kennen Sie eigentlich den Glotzer, der da dauernd zu uns rüberstarrt?", fragen Sie Ihre Gesprächspartnerin. „Natürlich", erklärt sie etwas frostig, „das ist mein Verlobter."

B) „Oh, das habe ich nicht gewusst. Ich habe es auch nicht böse gemeint."

A) „An seiner Stelle würde ich mir auch langsam Sorgen machen."

C) „Na, dann verstehe ich natürlich, dass er Sie gut im Auge behält."

D) „Oh, das tut mir ... entschuldigen Sie bitte."

Situation 4

Bei einer wichtigen Veranstaltung sind Sie falsch angezogen. Der Gastgeber hatte Ihnen vorher noch gesagt, Sie sollten sich „ganz leger" kleiden. Was sagen Sie den anderen Gästen?

C) „Ja, Sie wundern sich bestimmt über meinen Aufzug. Aber dafür gibt es eine ganz einfache Erklärung ..."

D) Ich verliere kein Wort darüber.

B) „Ich habe es ja gewusst. Aber Herr Nielsen, unser Gastgeber, hat mir extra noch gesagt: Ziehen Sie sich ganz leger an."

A) „Ich bin wieder mal der Einzige, der sich an die Vorgaben gehalten hat. Oder finden Sie Ihren Smoking leger?"

Situation 5

Ihr Kollege Heinzmann hat Mundgeruch. Wie machen Sie ihn darauf aufmerksam?

C) Ich bringe das Gespräch geschickt auf die Zungenbürste gegen Mundgeruch. „Die kann ich nur empfehlen. Bei mir hat sie wahre Wunder gewirkt."

D) Ich versuche durch meine Körpersprache zum Ausdruck zu bringen, dass er mir nicht zu nahe kommen soll.

A) „Heinzmann, arbeitet Ihr Zahnarzt eigentlich mit Atemgerät?"

B) Ich lege ihm heimlich eine Packung „Atemfrisch" auf den Schreibtisch.

Situation 6

Beim Essen schenkt die Kellnerin Rotwein nach. Dabei kleckert sie auf das Tischtuch.

D) „Entschuldigen Sie, ich hätte Ihnen das Glas auch entgegenhalten können."

B) „Da bin ich aber froh. Dass Ihnen so etwas auch einmal passiert."

C) „Nicht so schlimm, nichts passiert."

A) „Ja, danke. Und beim nächsten Mal dann in die Gläser."

Situation 7

Ihr Vorgesetzter hat Ihnen einen Auftrag erteilt, zu dem Sie noch nicht gekommen sind. Sie tun jedoch so, als hätten Sie ihn schon erledigt. Doch Ihr Vorgesetzter will das Ergebnis sehen. Plötzlich stehen Sie als Lügner da. Ihre Reaktion?

A) „Eins zu null für Sie. Ich dachte, ich könnte Ihnen da was vormachen. Aber Sie sind eben doch der bessere Lügner."

B) „Ich bin so überlastet, da habe ich das nicht auch noch erledigen können."

D) Es ist mir unsagbar peinlich. Mir fehlen die Worte.

C) „Ich glaube, da habe ich etwas durcheinandergebracht. Entschuldigen Sie bitte."

Situation 8

Sie haben es bei einer Feier mit einem hartnäckigen Gesprächspartner zu tun, von dem Sie sich gerne verabschieden würden. Denn Sie möchten auch noch mit anderen Gästen sprechen. Wie werden Sie ihn los?

B) Ich „entdecke" irgendwo hinten im Raum meinen Chef und verabschiede mich ganz schnell: „Entschuldigen Sie, ich muss meinen Chef eben begrüßen."

C) Ich bedanke mich bei ihm für das interessante Gespräch, das ich mit dem Hinweis beende: „Wir wollen ja beide noch mit anderen Gästen sprechen, oder?"

A) „So, Herr Michelmann, dann wollen wir auch mal anderen Gästen eine Chance geben."

D) Ich verabschiede mich, um die Toilette aufzusuchen.

Auswertung

Haben Sie überdurchschnittlich oft eine Antwort mit einem bestimmten Buchstaben gegeben, dann können Sie sich dem entsprechenden Typ zuordnen. Verteilen sich Ihre Antworten auf mehrere Buchstaben, dann ergibt sich kein klares Bild, sondern Sie sind eben ein „Mischtyp".

Typ A: Sie lassen sich nicht so leicht in Verlegenheit bringen. Wenn es einmal kritisch wird, dann haben Sie damit „keine Probleme". Das liegt hauptsächlich daran, dass Sie ein dickes Fell haben. Peinliche Vorfälle, die andere völlig lahm legen, beeinträchtigen Sie nicht im Geringsten. Das macht Sie stark und souverän. Doch auf der anderen Seite fehlt Ihnen das Gespür für Situationen, die anderen peinlich sind. Sie haben kein Taktgefühl. Ohne böse Absicht verletzen Sie Ihre Mitmenschen, weil Ihnen das Verständnis dafür fehlt, wieso einem solche Dinge peinlich sein können. Diese mangelnde Sensibilität macht es für die anderen nicht immer einfach, mit Ihnen umzugehen.

Typ B: Peinliche Situationen versuchen Sie vor allem dadurch zu bereinigen, dass Sie Ihre Mitmenschen wissen lassen: Also an mir liegt es jedenfalls nicht. Ich habe es nicht so gemeint, ich bin nicht daran schuld, dass es so gekommen ist, ich gebe mir Mühe. Dadurch gelingt es Ihnen jedoch nur sehr begrenzt, peinliche Situationen zu meistern. Denn Ihrem Gegenüber ist es oftmals egal, wie viel Sie persönlich zu der Situation beigetragen haben. Sie sollen vielmehr dazu beitragen, aus der verzwickten Lage herauszukommen. Oder Ihr

Gegenüber hält Ihr Herauswinden sogar für ein wenig feige und will Sie gerade deshalb nicht davonkommen lassen.

Typ C: Es hält sich die Waage: Sie sind einerseits taktvoll und sensibel genug, um Ihren Mitmenschen aus einer peinlichen Situation herauszuhelfen. Gleichzeitig besitzen Sie so viel Souveränität und innere Stärke, um sich von peinlichen Situationen nicht umwerfen zu lassen. Dabei drücken Sie sich nicht um Ihre Verantwortung herum (wie Typ B) und zeigen sich auch nicht unempfindlich (wie Typ A). Mit einem Wort: Sie entsprechen so sehr unserem Ideal davon, wie man peinliche Situationen meistert, dass der Verdacht nahe liegt, dass Sie als „reiner Typ C" bei der Beantwortung der Fragen nicht immer ganz ehrlich gewesen sind. Das muss Ihnen nicht peinlich sein. Aber das wissen Sie ja bestimmt.

Typ D: Sie reagieren sehr sensibel auf peinliche Situationen. Das ist keineswegs immer ein Nachteil. Aber es lähmt Sie in vielen Situationen. Ein bisschen mehr von der Unbekümmertheit, die Typ A an den Tag legt, würde Ihnen sicher gut tun. Auch neigen Sie dazu, Ihren Mitmenschen allzu sehr entgegenzukommen, wenn Sie ihnen aus einer peinlichen Situation heraushelfen wollen. Sie kennen dieses nagende Gefühl allzu gut, um sich in den anderen hineinzuversetzen. Nur genügt es, wenn Sie dem anderen helfen, aus so einer Situation herauszukommen. Sie müssen sich nicht noch zusätzlich selbst damit belasten.

Stichwortverzeichnis

Bibliografische Information der Deutschen Nationalbibliothek
Die Deutsche Nationalbibliothek verzeichnet diese Publikation in der Deutschen
Nationalbibliografie; detaillierte bibliografische Daten sind im Internet über
http://dnb.d-nb.de abrufbar.

ISBN 978-3-448-08814-4
Bestell-Nr. 00976-0001

Gesamtbetreuung und DTP: Sylvia Rein, 81379 München
Lektorat: Susanne von Ahn, 25474 Hasloh
Umschlaggestaltung: Kienle gestaltet, 70178 Stuttgart
Umschlagentwurf: Agentur Buttgereit & Heidenreich, 45721 Haltern am See
Druck: freiburger graphische betriebe, 79108 Freiburg

Zur Herstellung der Bücher wird nur alterungsbeständiges Papier verwendet.

Der Autor

Dr. Matthias Nöllke

arbeitet als Journalist und Referent. Er ist für den Bayerischen Rundfunk sowie für zahlreiche Unternehmen und Verlage tätig. Er ist Autor verschiedener Bücher zum Thema Schlagfertigkeit, Small Talk und Knigge sowie einiger Fachbücher zum Thema Immobilien und Vermietung.

Weitere Literatur

„Schlagfertigkeit. Das Trainingsbuch" von Dr. Matthias Nöllke, 232 Seiten, € 19,80
ISBN 978-3-448-09580-9, Bestell-Nr. 00797

„Small Talk. Die besten Themen" von Dr. Matthias Nöllke, 210 Seiten, € 19,80
ISBN 978-3-448-06793-4, Bestell-Nr. 00155

„Machtspiele. die Kunst, sich durchzusetzen" von Matthias Nöllke, 232 Seiten, € 19,80,
ISBN 978-3-448-08053-7, Bestell-Nr. 00088

TaschenGuides – Qualität entscheidet